Studien über

strebenlose Raumfachwerke

und verwandte Gebilde

Studien über strebenlose Raumfachwerke und verwandte Gebilde

von

Dr.-Ing. Henri Marcus

Mit 48 Textabbildungen

Berlin
Verlag von Julius Springer
1914

ISBN-13: 978-3-642-98415-0   e-ISBN-13: 978-3-642-99228-5
DOI: 10.1007/978-3-642-99228-5

Vorwort.

Die Theorie des strebenlosen ebenen Fachwerkes hat in den letzten Jahren Anlaß zu zahlreichen Veröffentlichungen gegeben und kann bereits, soweit nur statische Fragen in Betracht kommen, als hinreichend geklärt erachtet werden.

Ein Versuch, die Ergebnisse dieser Forschungen folgerichtig auf das Raumfachwerk zu übertragen, ist jedoch, obwohl sich die Stabzüge mit steifen Vierecknetzen eigentlich eher für räumliche als für ebene Träger eignen, bis heute nicht unternommen worden.

Dies dürfte vielleicht um so verwunderlicher erscheinen, als wichtige Gründe zugunsten des strebenlosen Raumfachwerkes angeführt werden können. In der Tat bietet diese Bauart nicht nur den Vorteil einer sowohl in konstruktiver als in wirtschaftlicher Hinsicht zweckmäßigen und hinreichend zuverlässigen Durchbildung, ihr wesentlicher Vorzug liegt vielmehr darin, daß durch die Einfachheit und Regelmäßigkeit der Formgebung die günstige Wirkung einer ruhigen Raumumschließung erzielt wird.

Diesen wertvollen Eigenschaften steht aber der Nachteil gegenüber, daß die rechnerische Behandlung des strebenlosen Raumfachwerkes infolge der hohen statischen Unbestimmtheit fast undurchführbar erscheint.

Die vorliegenden Studien sind aus dem Bestreben, einen Weg zur Lösung dieser schwierigen Aufgabe zu bahnen, entstanden.

Bei der außerordentlichen Mannigfaltigkeit der Raumfachwerke könnte eine allgemeine und umfassende Untersuchung aller Trägergebilde kaum Aussicht auf Erfolg bieten. Der Verfasser hielt es daher für zweckmäßiger, aus der Fülle aller Gestaltungsmöglichkeiten nur diejenigen Stützungs- und Gliederungsarten, die hinsichtlich der baulichen Ausführung den Bedürfnissen der Praxis am besten entsprechen, herauszugreifen und insbesondere bei der Ausarbeitung der einzelnen Untersuchungen auf neue Verfahren, welche infolge ihrer Anpassung an die statische Eigenart der Tragwerke eine außerordentliche Vereinfachung der Rechnung ermöglichen und auch auf anderen Gebieten der räumlichen Statik wertvolle Dienste zu leisten versprechen, eingehend hinzuweisen.

Auf die Durchführung einzelner Beispiele mußte jedoch verzichtet werden, nicht nur, weil die zur völligen Klärung der Eigenschaften des strebenlosen Raumfachwerkes erforderliche Bearbeitung umfangreicher Zahlenuntersuchungen das Erscheinen dieser Abhandlung auf Jahre hinaus verzögert hätte, sondern hauptsächlich, weil die Einschaltung ausgedehnter Zahlenrechnungen die notwendige Übersichtlichkeit der schwierigen theoretischen Entwickelungen wesentlich beeinträchtigen würde.

Diese Studien bedeuten nur einen Anfang auf dem Wege zur Erschließung neuer Aufgaben der Statik des Raumes. Sollten sie manchem Fachgenossen zu eigenen Forschungen Anregung geben, so würden sie ihren Zweck nicht verfehlt haben.

Breslau, im Januar 1914.　　　　　　　　　　　　　**H. Marcus.**

Inhaltsverzeichnis.

Einleitung.

Die Theorie des Raumfachwerkes wird in den Lehrbüchern der Baustatik nur unter der Voraussetzung, daß die einzelnen Stäbe vermittels reibungsloser Kugelgelenke aneinander ausgeschlossen sind, entwickelt. Zugunsten dieser Annahme spricht in erster Linie der Umstand, daß sie die rechnerische Durchführung der Untersuchung außerordentlich vereinfacht und daher den Bedürfnissen der Praxis am nächsten kommt. Dieser Vorteil wird aber durch die mangelhafte Übereinstimmung zwischen den rechnerischen Voraussetzungen und der konstruktiven Durchbildung in seiner Tragweite wesentlich beeinträchtigt.

Eine gelenkartige Gliederung aller Stäbe des Fachwerkes läßt sich in der Tat kaum verwirklichen. Durch die Anordnung von Niet- und Schraubenverbindungen, durch die Steifigkeit der Knotenbleche oder gar durch die fugenlose Gliederung des Gerippes wird sowohl im Eisen- wie im Eisenbetonbau die freie Drehbarkeit der Stabenden in erheblichem Maße eingeschränkt, und es treten in den Anschlußquerschnitten außer den achsialen Grundspannungen, die allein in Rechnung gestellt werden, auch Biegungs- und Verwindungsspannungen auf.

Eine Vernachlässigung dieser Nebenspannungen würde gerechtfertigt erscheinen, wenn ihr Einfluß nur eine unbedeutende Verschiebung in der Größe und nicht im Wirkungssinn der inneren Widerstände zur Folge hätte: man könnte dann, wie es bei ebenen Trägern der Fall ist, durch eine richtige Begrenzung der zulässigen Beanspruchungen einen ausreichenden Spielraum für die außer acht gelassenen Zusatzkräfte schaffen. Die Ausschaltung der Nebenspannungen führt aber bei vielen räumlichen Gebilden zu einer völligen Entstellung der Kräfteverteilung.

Besonders kennzeichnend ist in dieser Hinsicht das Verhalten der Schwedler-Kuppel. Legt man die Annahme reibungsloser Gelenke der Untersuchung zugrunde, so werden infolge einseitiger Belastung nur wenige Stäbe in Spannung gesetzt, es ergeben sich jedoch bei größerer Seitenanzahl der Ringe ganz ungeheure Widerstandsbeträge, denen die Querschnittsbemessung nicht im entferntesten gewachsen ist. Würden die Voraussetzungen der Rechnung auch nur angenähert zutreffen, so hätten alle vielteiligen Schwedler-Kuppeln längst den Untergang durch Sturmdruck, plötzliches Schneeabrutschen, Lastanhängungen, Ausnehmung von Rippen- und Zwischenringstücken gefunden[1]). Wenn die Kuppeln trotz dieser schädlichen Einflüsse bestehen, so ist es nur auf die Tatsache zurückzuführen, daß das Kräftespiel in der Wirklichkeit ganz anders gestaltet ist. Durch die Steifigkeit der Knotenpunkte werden alle Glieder des Fachwerkes gleichmäßig zur Mitwirkung herangezogen, ein Teil der Kräfte wird durch die unbelasteten Stäbe übernommen, und infolge dieses Ausgleichs wird die Tragfähigkeit des gesamten Gerippes wesentlich erhöht.

Der Einfluß der Biegungs- und Verwindungsfestigkeit ist auch bei anderen räumlichen Gebilden insofern sehr erheblich, als er die Labilität, welche durch die geometrische Gestaltung und die nicht einwandfreie Stützung des Tragwerkes bedingt ist, beseitigt und zugleich eine größere Widerstandsfähigkeit gegen vereinzelte Lastangriffe gewährleistet.

Unter diesen Umständen erscheint es fraglich, ob es immer gerechtfertigt ist, an rechnerischen Voraussetzungen festzuhalten, deren Ergebnisse sich mit der Wirklichkeit so wenig in Einklang bringen lassen, und ob es nicht ratsamer wäre, wenigstens bei den Hauptstäben die Biegungs- und Verwindungsspannungen in den Vordergrund der Untersuchung zu stellen, nicht nur, weil ihre Berücksichtigung mitunter eine sparsamere und wirtschaftlichere Querschnittsbemessung ermöglicht, sondern hauptsächlich, weil sie allein die tatsächliche Sicherheit der Konstruktion zu erkennen und voll auszunutzen gestattet.

Die Ermittelung der inneren Widerstände bei einer starren Verbindung der Fachwerksstäbe ist allerdings keine einfache Aufgabe, und es ist von vornherein einleuchtend, daß eine den praktischen Anforderungen genügende Lösung nur dann gefunden werden kann, wenn es gelingt, den Grad der statischen Unbestimmtheit auf ein der Rechnung zugängliches Kleinstmaß einzuschränken. Um dies Ziel zu erreichen, empfiehlt es sich, das Gerippe des Fachwerkes derartig zu gestalten, daß es nur aus einer möglichst geringen Anzahl von Gliedern, und zwar aus denjenigen, die sich hinsichtlich der Standfestigkeit des Baues am wirksamsten erweisen, besteht.

Versucht man, diesem Grundsatz entsprechend, eine Auslese zwischen notwendigen und entbehrlichen Stäben bei Schwedler-Kuppeln und verwandten Gebilden zu treffen, so gelangt man zu der Erkenntnis,

---

[1]) Siehe A. F. Zschetzsche, „Handbuch der Baustatik" (Bagel, Düsseldorf, 1912), Bd. I, S. 29 und 33. — Kohlfahl, „Beitrag zur Theorie der Kuppel- (und Turm-) Dächer" Z. d. V. deutsch. Ing., 1898, S. 713—715. — Der Einfluß der Steifigkeit der Knotenpunkte auf die Kräfteverteilung ist bereits 1892 in der Schrift von Föppl, „Das Fachwerk im Raume" (Teubner, Leipzig), mehrfach erwähnt und von demselben Forscher später auch experimentell nachgewiesen. Die Wirkung eines biegungs- und verwindungsfesten Schlußringes ist besonders eingehend von Müller-Breslau, Z. d. V. deutsch. Ing. 1898—1899, und von Mann im „Eisenbau" (1911, Heft 1) untersucht worden.

daß als wesentliche Bestandteile nur Rippen und Ringe in erster
Linie in Betracht kommen: die Rippen, weil sie vermöge ihrer Biegungs-
und Verwindungsfestigkeit den eigentlichen Tragkörper bilden, die
Ringe, weil sie in hervor-
ragendem Maße zur Verstei-
fung und Stabilisierung bei-
tragen. Die Streben hingegen haben für die Tragfähigkeit eine verhältnismäßig ge-
ringe Bedeutung, teils weil sie
bei ganz gleichmäßiger Belastung überhaupt am Kräftespiel nicht beteiligt sind,
teils weil auch bei einseitigen
Lastangriffen ihre Wirksam-
keit durch die Steifigkeit der
Anschlüsse erheblich beeinträchtigt wird. Der Ge-
danke liegt nun nahe, auf
diese Stäbe zu verzichten
und, wie es bei ebenen
Trägern neuerdings versucht
wird, strebenlose Raumfachwerke zu schaffen.

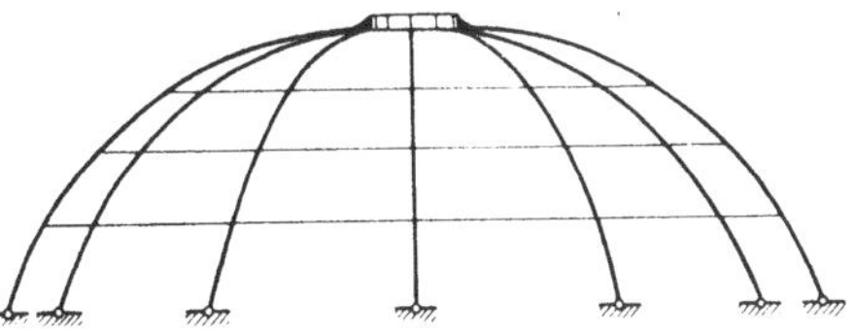

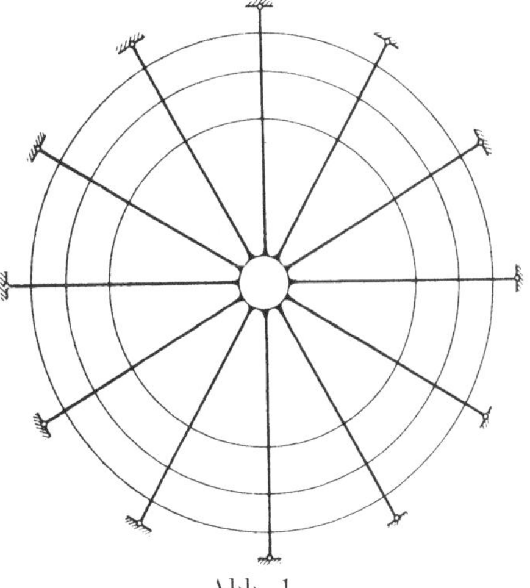

Abb. 1.

Das Gerippe solcher Ge-
bilde könnte hinsichtlich der
Stützung und der Verbindung ihrer Glieder in der mannigfaltigsten
Art gestaltet werden. Für die praktische Ausführung kommen zunächst folgende Möglichkeiten in Betracht:

  a) die Rippen sind an ihrem unteren Ende drehbar befestigt und
     am Scheitel an einem biegungs- und verwindungsfesten Ring
     angeschlossen (Abb. 1);
  b) die unteren Rippenenden sind fest eingespannt, während sich
     die oberen gegen den Kopfring stützen. Wird durch denselben
     die freie Beweglichkeit der Rippen nur in der Scheitelebene be-
     hindert (Abb. 2), so hat der Ring nur Druck-, Schub- und Bie-
     gungsspannungen aufzunehmen. Ist hingegen eine starre Ver-
     bindung zwischen Rippen und Kopfring vorhanden (Abb. 3),
     so wird letzterer auch auf Verwindung beansprucht.

Hierbei ist noch zu unterscheiden, ob die untere Stützung eine
ebene oder eine räumliche ist. Im ersteren Falle treten alle Auflagerwiderstände in derselben Ebene auf, und es kann, je nachdem diese
Ebene die Kuppeloberfläche berührt oder normal durchschneidet,

von einer tangentialen oder einer radialen Stützung gesprochen
werden. Im zweiten Falle sind die Auflagerwiderstände beliebig im
Raum gerichtet.

Eine gelenkartige Stützung ist im allgemeinen zweckmäßiger als
eine feste Einspannung, nicht nur, weil sie bei der meistens sehr be-

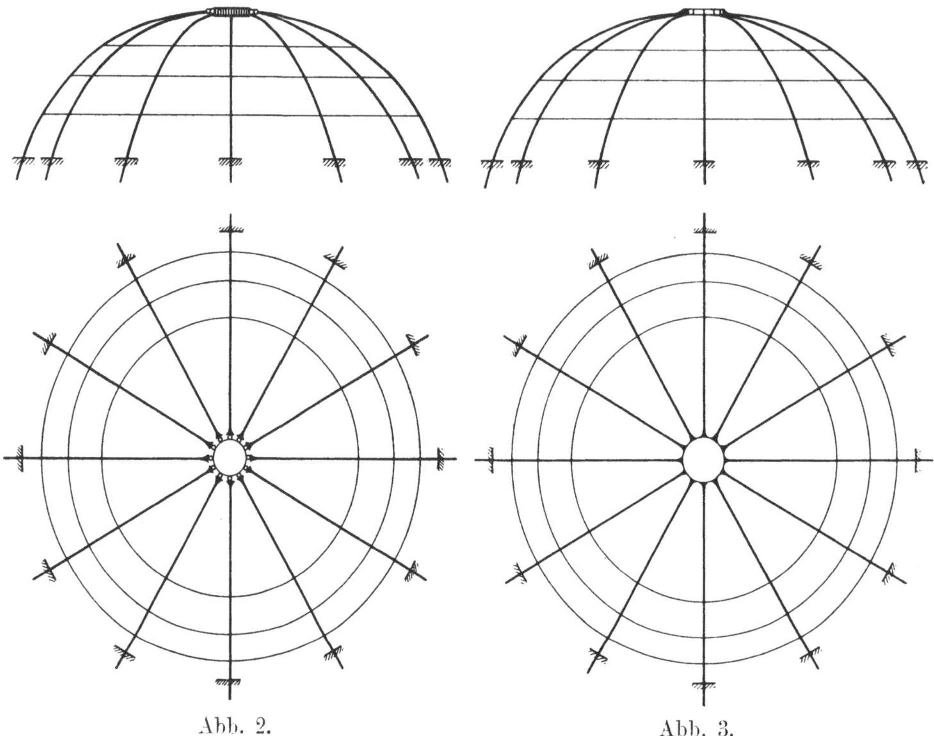

Abb. 2.   Abb. 3.

trächtlichen Höhe des Kuppelunterbaues leichter und einfacher her-
gestellt werden kann, sondern auch, weil sie dem Tragwerke eine größere
Widerstandsfähigkeit gegen Wärmeschwankungen und Widerlager-
verschiebungen verleiht. In den nachstehenden Entwicklungen werden
daher nur Fachwerke mit Kämpfergelenken in Betracht gezogen, und
zwar sowohl mit ebener, als mit räumlicher Stützung. Entsprechend
dem natürlichen Aufbau der Konstruktion werden wir zunächst die
statische Wirkungsweise eines nur aus Rippen und Kopfring bestehen-
den Gebildes erläutern, sodann durch allmähliche Hinzufügung der
Versteifungsglieder das innere Kräftespiel des eigentlichen Fachwerkes
klarlegen und zum Schluß die Wechselbeziehungen zwischen der Beanspruchung und der Formänderung des Scheitelringes zu beleuchten
versuchen.

Die unversteifte Rippenkuppel.

1. Die Spannungsverteilung bei räumlicher Stützung.

Um zu weitgehende Untersuchungen zu vermeiden, werden wir
uns im folgenden nur mit dem praktisch wichtigsten Fall eines zyklisch

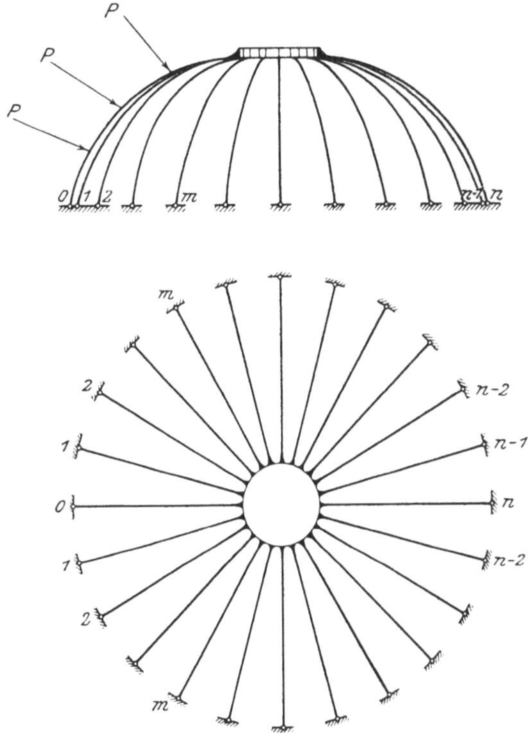

Abb. 4.

symmetrischen Tragwerkes befassen[1]). Wir setzen also voraus, daß alle
Rippen gleichartig gebildet sind, daß die Rippenmittellinien auf einer
Umdrehungsfläche liegen, und daß der Winkel, welche zwei benach-
barte Rippenebenen miteinander schließen, überall der gleiche ist.

Wir geben den Rippen in Abb. 4 der Reihe nach die Ordnungsziffern

---

[1]) Tragwerke, welche nur zwei senkrecht zueinander stehende Symmetrie-
ebenen besitzen, sind vom Verfasser in seinem „Beitrag zur Theorie der Rippenkuppel" im „Eisenbau" 1912, Heft XI, behandelt.

0, 1, 2, 3 … n—1, n. Die Belastung P möge in der Ebene der Rippen o und n, die wir kurz Hauptrippen nennen wollen, wirken; die übrigen Rippen seien unbelastet und daher als Nebenrippen gekennzeichnet

Wir zerlegen den Stützenwiderstand der m^{ten} Rippe in einen radial gerichteten Horizontalschub X_m, einen lotrechten Druck Y_m und einen wagerechten Tangentialschub Z_m. Die inneren Spannungen, welche durch diese Kräfte in einem Rippenquerschnitt hervorgerufen werden, lassen sich durch die Achsialkraft N_m, die Querkräfte Q_m und $\mathfrak{Q}_m$, die Biegungsmomente M_m und $\mathfrak{M}_m$ und das Verwindungsmoment W_m (Abb. 5) darstellen[1]). Die Kräfte N_m, Q_m und $\mathfrak{Q}_m$ gehen durch den Querschnittsmittelpunkt und sind parallel zur Tangente (t) bzw. zur Normale (n) bzw. zur Binormale (b) der Rippenmittellinie gerichtet. Diese drei Geraden sind zugleich die Drehachsen der Kräftepaare W_m, $\mathfrak{M}_m$ und M_m.

Die Beziehungen zwischen den Stützenwiderständen und den inneren Spannkräften werden durch die Gleichungen

$$1) \quad \begin{cases} N_m = X_m \cos\varphi + Y_m \sin\varphi, \quad Q_m = Y_m \cos\varphi - X_m \cdot \sin\varphi, \quad \mathfrak{Q}_m = Z_m, \\ M_m = x\,Y_m - y\,X_m, \quad \mathfrak{M}_m = u\,Z_m, \quad W_m = v\,Z_m \end{cases}$$

ausgedrückt. Die Bedeutung des Winkels φ und der Ordinaten x, y, u und v ist hierbei aus Abb. 5 ersichtlich.

Die beiden Hauptrippen bilden mit dem Schlußring das Hauptsystem (Abb. 6). Dasselbe wird einerseits durch die Lasten P und andererseits durch die Resultierende Ω aller Gelenkdrucke X_m, Y_m und Z_m beansprucht. Bezeichnet man mit ρ den Winkel, welchen zwei benachbarte Rippenebenen miteinander schließen, und schreibt man zur Abkürzung

$$2) \quad \begin{cases} \displaystyle\sum_{m=1}^{m=n-1} X_m = \Omega_x, \quad \sum_{m=1}^{m=n-1} Y_m = \Omega_y, \quad \sum_{m=1}^{m=n-1} Z_m = \Omega_z, \\[2ex] \displaystyle\sum_{m=1}^{m=n-1} X_m \cdot \cos(m\rho) = \Omega_x', \quad \sum_{m=1}^{m=n-1} Y_m \cdot \cos(m\rho) = \Omega_y', \\[2ex] \displaystyle\sum_{m=1}^{m=n-1} Z_m \cdot \sin(m\rho) = \Omega_z', \end{cases}$$

so kann man, wie Abb. 7 zeigt, die Resultierende Ω durch eine in der Scheitelebene wirkende Schubkraft $2\,(\Omega_x' + \Omega_z')$, durch eine in der Mittelachse angreifende lotrechte Kraft $2\,\Omega_y$ und durch ein Kräftepaar $2\,[\Omega_y' \cdot l_1 - (\Omega_x' + \Omega_z')\,f]$ ersetzen.

Diesen Kraftgrößen entsprechen Auflagerwiderstände X_0', X_n', Y_0', Y_n' und innere Spannkräfte N_0', N_n', Q_0', Q_n', M_0', M_n', während

---

[1]) Sind die Rippen nicht vollwandig, sondern gegliedert, so treten an Stelle dieser Kraftgrößen die entsprechenden Stabkräfte.

durch die Belastung P (Abb. 8) Stützkräfte X_{00}, X_{0n}, Y_0, Y_{0n} und innere Widerstände N_{00}, N_{0n}, Q_{00}, Q_{0n}, M_{00}, M_{0n} hervorgerufen werden.

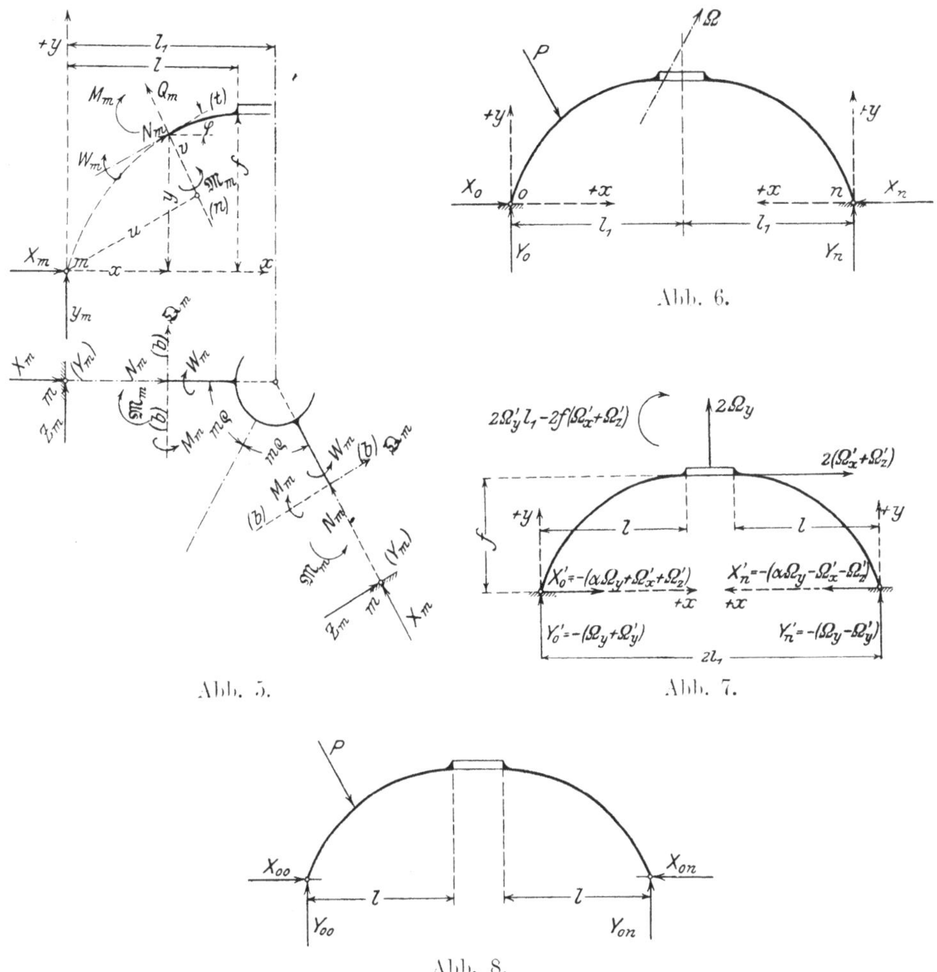

Abb. 5.

Abb. 6.

Abb. 7.

Abb. 8.

Der endgültige Kräftezustand ist durch die Gleichungen

$$3) \quad \begin{cases} X_0 = X_{00} + X_0', \; Y_0 = Y_{00} + Y_0', \; N_0 = N_{00} + N_0', \; Q_0 = Q_{00} + Q_0', \\ M_0 = M_{00} + M_0', \\ X_n = X_{0n} + X_n', \; Y_n = Y_{0n} + Y_n', \; N_n = N_{0n} + N_n', \; Q_n = Q_{0n} + Q_n', \\ M_n = M_{0n} + M_n' \end{cases}$$

gekennzeichnet.

Bevor wir auf die Bestimmung dieser einzelnen Ausdrücke eingehen, müssen wir zunächst eine Vereinbarung über die Darstellung der Formänderung des Kopfringes treffen. Es ist durch die genauere Untersuchung der Schwedler-Kuppel erwiesen, daß die Spannungsverteilung bei einseitigen Lastangriffen sich um so gleichmäßiger vollzieht, je steifer der Kopfring ausgebildet wird. Für weitgespannte Fachwerke ist es daher besonders vorteilhaft, den Schlußring derartig zu gestalten, daß seine Formänderung im Vergleich zu derjenigen der Rippen als verschwindend klein angesehen werden darf. Diese Bedingung kann ohne bedeutenden Aufwand an Baustoff erfüllt werden, wenn der Ringhalbmesser hinreichend klein gewählt wird[1]). Ist aber eine größere Scheitelöffnung durch die Anordnung eines Laternenaufsatzes bedingt, so dürfte es im allgemeinen keine Schwierigkeiten bereiten, die Seitenwände des letzteren an den eigentlichen Kopfring derartig fest anzuschließen, daß beide in statischer Hinsicht ganz einheitlich wirken. Das Trägheitsmoment eines solchen Gebildes ist sodann so beträchtlich, daß es durchaus gerechtfertigt erscheint, den versteiften Scheitelring als eine starre Scheibe aufzufassen.

Hierdurch wird die Berechnung der Rippenkuppel so wesentlich erleichtert, daß es nur der Aufstellung einiger einfacher geometrischer Beziehungen bedarf, um zu einem anschaulichen Bild der Kräfteverteilung zu gelangen, und dieser Vorteil ist unseres Erachtens für die Praxis so wertvoll, daß es sich bei einer entsprechenden konstruktiven Durchbildung fast immer empfehlen dürfte, die Annahme eines starren Kopfringes der Untersuchung zugrunde zu legen[2]).

Unter dieser Voraussetzung verhält sich das Hauptsystem als ein einfacher Zweigelenkbogen. Ist E das Elastizitätsmaß des Baustoffes, I das Trägheitsmoment eines Rippenquerschnittes in bezug auf die Binormale zur Rippenmittellinie, l die Spannweite der Rippen, so lauten die Elastizitätsgleichungen des Hauptsystems:

$$4) \dots \int_0^l (M_{00} + M_{0n})\, y\, \frac{ds}{EI} = 0 \quad \text{bzw.:} \quad \int_0^l (M_0' + M_n')\, y\, \frac{ds}{EI} = 0.$$

Diese Gleichungen gestatten, im Verein mit den drei Gleichgewichtsbedingungen des ebenen Tragwerkes, die vier Auflagerkräfte

---

[1]) Bei Rippen, welche bis zur Mittelachse durchgeführt werden, ist die Voraussetzung eines starren Schlußringes von vornherein erfüllt.

[2]) Hat man dieser Annahme gemäß die am Scheitel angreifenden Kräfte errechnet und die durch dieselben bewirkte Formänderung des Ringes bestimmt, so kann man nachträglich den Einfluß der letzteren auf die Beanspruchung der Rippen feststellen. Man hat es dann in der Hand, durch eine einfache, gegebenenfalls durch eine wiederholte Korrektur der zuerst gewonnenen Ergebnisse, der wirklichen Kräfteverteilung möglichst nahe zu kommen. Auf dieses Verfahren wird in dem Schlußabschnitt besonders hingewiesen.

X_0, X_n, Y_0 und Y_n zu bestimmen. Für die Ω-Gruppe ergibt sich insbesondere, wenn zur Abkürzung

$$5) \quad \cdots \quad \frac{\displaystyle\int_0^1 x\,y\,\frac{ds}{EI}}{\displaystyle\int_0^1 y^2\,\frac{ds}{EI}} = \alpha$$

gesetzt wird:

$$X_0' = -(\alpha \cdot \Omega_y + \Omega_x' + \Omega_z'), \quad Y_0' = -(\Omega_y + \Omega_y'),$$
$$M_0' = (\alpha\,y - x)\,\Omega_y - x\,\Omega_y' + y\,(\Omega_x' + \Omega_z'),$$
$$X_n' = -(\alpha \cdot \Omega_y - \Omega_x' - \Omega_z'), \quad Y_n' = -(\Omega_y - \Omega_y'),$$
$$M_n' = (\alpha\,y - x)\,\Omega_y + x\,\Omega_y' - y\,(\Omega_x' + \Omega_z')$$

Es ist also insgesamt:

$$6) \quad \cdots \quad \left\{ \begin{aligned} &X_0 = X_{00} - (\alpha\,\Omega_y + \Omega_x' + \Omega_z'), \quad Y_0 = Y_{00} - (\Omega_y + \Omega_y'), \\ &M_0 = M_{00} + (\alpha\,y - x)\,\Omega_y - x\,\Omega_y' + y\,(\Omega_x' + \Omega_z'), \\ &X_n = X_{0n} - (\alpha\,\Omega_y - \Omega_x - \Omega_z'), \quad Y_n = Y_{0n} - (\Omega_y - \Omega_y'), \\ &M_n = M_{0n} + (\alpha\,y - x)\,\Omega_y + x\,\Omega_y' - y\,(\Omega_x' + \Omega_z'). \end{aligned} \right.$$

Um nun die einzelnen Werte X_m, Y_m und Z_m selbst zu bestimmen, stellen wir auf Grund des Satzes der kleinsten Formänderungsarbeit und unter Ausschließung jeglicher Wärmeänderung und Widerlagerverschiebung, die drei folgenden Elastizitätsgleichungen auf:

$$7) \quad \cdots \quad \int \frac{M}{EI} \cdot \frac{\partial M}{\partial X_m} \cdot ds + \int \frac{\mathfrak{M}}{EI'} \cdot \frac{\partial \mathfrak{M}}{\partial X_m} \cdot ds + \int \frac{W}{G \cdot I_p} \cdot \frac{\partial W}{\partial X_m} \cdot ds = 0,$$

$$8) \quad \cdots \quad \int \frac{M}{EI} \cdot \frac{\partial M}{\partial Y_m} \cdot ds + \int \frac{\mathfrak{M}}{EI'} \cdot \frac{\partial \mathfrak{M}}{\partial Y_m} \cdot ds + \int \frac{W}{G \cdot I_p} \cdot \frac{\partial W}{\partial Y_m} \cdot ds = 0,$$

$$9) \quad \cdots \quad \int \frac{M}{EI} \cdot \frac{\partial M}{\partial Z_m} \cdot ds + \int \frac{\mathfrak{M}}{EI'} \cdot \frac{\partial \mathfrak{M}}{\partial Z_m} \cdot ds + \int \frac{W}{G \cdot I_p} \cdot \frac{\partial W}{\partial Z_m} \cdot ds = 0.$$

Hierbei bedeuten ds ein Element der Rippenmittellinie, G die Schubelastizitätsziffer, I' das Trägheitsmoment des Rippenquerschnittes in bezug auf die Normale und I_p eine Art polaren Trägheitsmomentes[1]).

---

1) In diesen Gleichungen ist nur der Einfluß der Biegungs- und Verwindungsmomente auf die Formänderungsarbeit zum Ausdruck gebracht. Der Einfluß der Axial- und Querkräfte ist bei einseitiger Belastung unerheblich und dürfte daher vernachlässigt werden. Wollte man denselben berücksichtigen, so würde zwar der Gang der Untersuchung der gleiche bleiben, die Berechnung würde aber an Einfachheit und Übersichtlichkeit verlieren, und der Gewinn an Genauigkeit könnte kaum den größeren Arbeitsaufwand rechtfertigen.

Der Belastungszustand $X_m = 1$, dem die erste dieser Gleichungen entspricht, ist in Abb. 9 dargestellt. Für die beiden m^{ten} Nebenrippen ist $\dfrac{\partial M_m}{\partial x_m} = - y$, und für die Hauptrippen ist $\dfrac{\partial M}{\partial x_m} = \pm\, y \cdot \cos(m\rho)$.

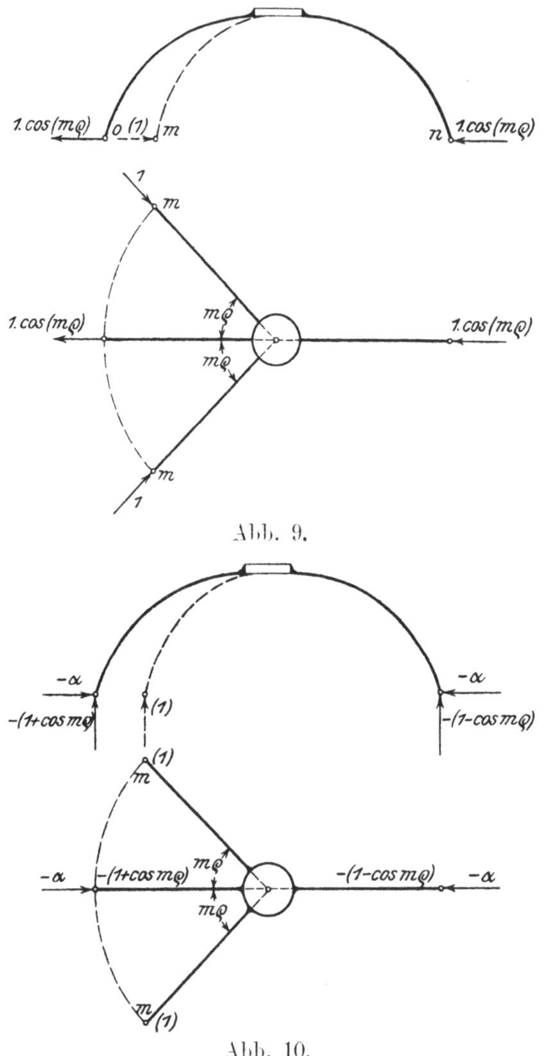

Abb. 9.

Abb. 10.

Das obere Vorzeichen bezieht sich hierbei auf die Rippe o, das untere auf die Rippe n. Die Arbeitsgleichung lautet also:

$$-2\int_0^l M_m \cdot y\,\frac{ds}{EI} + 2\cdot\cos(m\rho)\int_0^l \frac{M_0 - M_n}{2}\cdot y\,\frac{ds}{EI} = 0.$$

oder:

$$7a)\ldots\begin{cases} X_m \cdot \int_0^l y^2 \frac{ds}{EI} - Y_m \int_0^l x\,y \frac{ds}{EI} + \cos(m\,\rho)\left[\int_0^l \frac{M_{00}-M_{0\,n}}{2} \cdot y \frac{ds}{EI} -\right. \\[2ex] \left. - \Omega_y' \int_0^l x\,y \frac{ds}{EI} + (\Omega_x' + \Omega_z') \int_0^l y^2 \frac{ds}{EI}\right] = 0. \end{cases}$$

In ähnlicher Weise gilt für den Belastungszustand $Y_m = 1$ nach Abb. 10:

$$\frac{\partial M_m}{\partial Y_m} = + x, \quad \frac{\partial M_0}{\partial Y_m} = \alpha\,y - x\,[1 + \cos(m\,\rho)],$$

$$\frac{\partial M_n}{\partial Y_m} = \alpha\,y - x\,[1 - \cos(m\,\rho)],$$

und somit:

$$2 \int_0^l M_m \cdot x \frac{ds}{EI} + 2 \int_0^l \frac{(M_0 - M_n)}{2} (\alpha\,y - x) \frac{ds}{EI} -$$

$$-2\cos(m\,\rho) \int_0^l \frac{(M_0 - M_n)}{2} \cdot \frac{x\,ds}{EI} = 0 =$$

$$8a)\ldots\begin{cases} 0 = Y_m \int_0^l \frac{x^2\,ds}{EI} - X_m \int_0^l \frac{y\,x}{EI} \cdot ds + \int_0^l \frac{M_{00}+M_{0u}}{2}(\alpha\,y - x)\frac{ds}{EI} + \\[2ex] + \Omega_y \int_0^l (\alpha\,y - x)^2 \frac{ds}{EI} - \cos(m\,\rho)\left[\int_0^l \frac{M_{00}-M_{0n}}{2} \cdot \frac{x\,ds}{EI} -\right. \\[2ex] \left. - \Omega_y' \int_0^l \frac{x^2\,ds}{EI} + (\Omega_x' + \Omega_z') \int_0^l \frac{x\,y\,ds}{EI}\right] \end{cases}$$

Der Belastungszustand $Z_m = 1$ liefert schließlich in Übereinstimmung mit Abb. 11:

$$\frac{\partial \mathfrak{M}_m}{\partial Z_m} = + u, \quad \frac{\partial W_m}{\partial Z_m} = + v, \quad \frac{\partial M_0}{\partial Z_m} = -\frac{\partial M_n}{\partial Z_m} = y \cdot \sin(m\,\rho),$$

und daher:

$$2 \int_0^l \left(\frac{\mathfrak{M}_m \cdot u}{EI'} + \frac{W_m\,v}{G \cdot I_p}\right) ds + 2 \cdot \sin(m\rho) \int_0^l \frac{M_0 - M_n}{2} \cdot y \frac{ds}{EI} = 0.$$

$$9\text{a)} \dots \quad \left\{ Z_m \int_0^1 \left(\frac{u^2}{EI'} + \frac{v^2}{GI_p} \right) ds + \sin (m\rho) \left[\int_0^1 \frac{M_{00} - M_{on}}{2} \cdot y \frac{ds}{EI} - \right.\right.$$

$$\left.\left. - \Omega_y' \int_0^1 x y \frac{ds}{EI} + (\Omega_x' + \Omega_z') \int_0^1 y^2 \frac{ds}{EI} \right] = 0. \right.$$

Setzen wir zur Abkürzung

$$10) \dots \left\{ \begin{array}{l} \dfrac{\displaystyle\int_0^1 x y \frac{ds}{EI}}{\displaystyle\int_0^1 y^2 \frac{ds}{EI}} = \alpha, \qquad \dfrac{\displaystyle\int_0^1 x y \frac{ds}{EI}}{\displaystyle\int_0^1 x^2 \frac{ds}{EI}} = \beta, \qquad \dfrac{\displaystyle\int_0^1 (\alpha y - x)^2 \frac{ds}{EI}}{\displaystyle\int_0^1 x^2 \frac{ds}{EI}} = 1 - \alpha\beta = \gamma, \\[4em] \dfrac{\displaystyle\int_0^1 y^2 \frac{ds}{EI}}{\displaystyle\int_0^1 \left(\frac{u^2}{EI'} + \frac{v^2}{GI_p} \right) ds} = \psi, \qquad \dfrac{\displaystyle\int_0^1 \left(\frac{M_{00} - M_{on}}{2} \right) x \frac{ds}{EI}}{\displaystyle\int_0^1 x^2 \frac{ds}{EI}} = A_{xx}, \\[4em] \dfrac{\displaystyle\int_0^1 \left(\frac{M_{00} - M_{on}}{2} \right) y \frac{ds}{EI}}{\displaystyle\int_0^1 y^2 \frac{ds}{EI}} = A_{yy}, \qquad \dfrac{\displaystyle\int_0^1 \left(\frac{M_{00} + M_{on}}{2} \right) x \frac{ds}{EI}}{\displaystyle\int_0^1 x^2 \frac{ds}{EI}} = B_{xx}, \\[3em] \dfrac{A_{yy} - \alpha A_{xx}}{\gamma} = C_x, \qquad \dfrac{\beta A_{yy} - A_{xx}}{\gamma} = C_y, \end{array} \right.$$

so lassen sich die Gleichungen 7a, 8a und 9a in Verbindung mit der Gleichung 4) in der Form:

$$7^{\text{b}}) \dots \quad \left\{ X_m - \alpha Y_m = - \cos(m\rho) [A_{yy} - \alpha \Omega_y' + (\Omega_x' + \Omega_z')], \right.$$

$$8^{\text{b}}) \dots \quad \left\{ Y_m - \beta X_m = (B_{xx} - \gamma \Omega_y) + \cos(m\rho) [A_{xx} - \Omega_y' + \beta (\Omega_x' + \Omega_z')], \right.$$

$$9^{\text{b}}) \dots \quad \left. Z_m = - \psi \cdot \sin(m\rho) [A_{yy} - \alpha \Omega_y' + (\Omega_x' + \Omega_z')], \right.$$

schreiben, oder indem man X_m, Y_m und Z_m eliminiert:

$$7^{\text{c}}) \dots \quad \left\{ X_m = \frac{\alpha}{\gamma} (B_{xx} - \gamma \Omega_y) - \cos(m\rho) (C_x + \Omega_x' + \Omega_z'), \right.$$

$$8^{\text{c}}) \dots \quad \left\{ Y_m = \left(\frac{B_{xx}}{\gamma} - \Omega \right) - \cos(m\rho) (C_y + \Omega_y'), \right.$$

$$9^{\text{c}}) \dots \quad \left. \begin{array}{l} Z_m = - \psi \cdot \sin(m\rho) [A_{yy} - \alpha \Omega_y' + (\Omega_x' + \Omega_z')] = \\ \qquad = \psi \cdot \operatorname{tang}(m\rho) [X_m - \alpha Y_m]. \end{array} \right.$$

Entwickeln wir nun alle diese Gleichungen für m = 1 bis m = n — 1, so ergibt sich der Reihe nach:

$$\sum_{m=1}^{m=n-1} X_m \cdot \cos(m\varrho) = \Omega_x' = \frac{\alpha}{\gamma}(B_{xx} - \gamma\Omega_y)\sum_{m=1}^{m=n-1}\cos(m\varrho) -$$

$$- (C_x + \Omega_x' + \Omega_z')\sum_{m=1}^{m=n-1}\cos^2(m\varrho),$$

$$\sum_{m=1}^{m=n-1} Y_m = \Omega_y = (n-1)\left(\frac{B_{xx}}{\gamma} - \Omega_y\right) - (C_y + \Omega_y')\sum_{m=1}^{m=n-1}\cos(m\varrho),$$

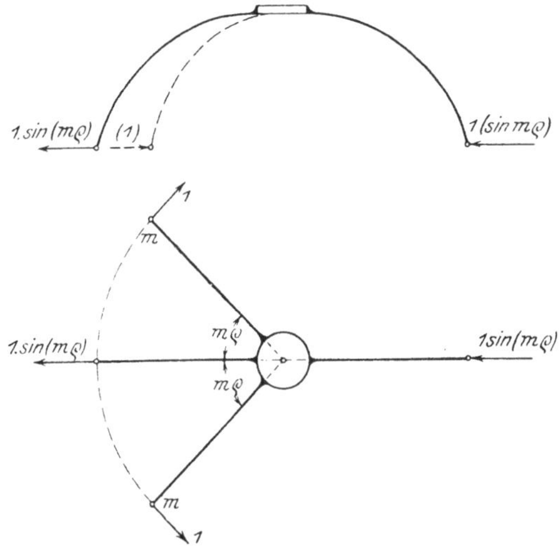

Abb. 11.

$$\sum_{m=1}^{m=n-1} Y_m \cdot \cos(m\varrho) = \Omega_y' = \left(\frac{B_{xx}}{\gamma} - \Omega_y\right)\sum_{m=1}^{m=n-1}\cos(m\varrho) -$$

$$- (C_y + \Omega_y')\sum_{m=1}^{m=n-1}\cos^2(m\varrho,$$

$$\sum_{m=1}^{m=n-1} Z_m \cdot \sin(m\varrho) = \Omega_z' = -\psi[A_{yy} - \alpha\Omega_y' + (\Omega_x' + \Omega_z')]\sum_{m=1}^{m=n-1}\sin^2(m\varrho).$$

Mit Rücksicht auf die zyklische Symmetrie ist aber

$$\sum_{m=1}^{m=n-1}\cos(m\varrho) = 0,\quad \sum_{m=1}^{m=n-1}\cos^2(m\varrho) = \frac{n}{2} - 1,\quad \sum_{m=1}^{m=n-1}\sin^2(m\varrho) = \frac{n}{2},$$

Letztere Gleichungen liefern also:

$$10)\ \dots\ \left|\begin{array}{l} \Omega_y = \dfrac{n-1}{n}\cdot\dfrac{B_{xx}}{\gamma},\quad \Omega_y' = -\left(1 - \dfrac{2}{n}\right)C_y, \\[2ex] \Omega_x' + \Omega_z' = -\dfrac{1}{1+\psi}\left[\left(1 - \dfrac{2}{n}\right)(C_x + \alpha\psi C_y) + \psi\cdot A_{yy}\right]. \end{array}\right.$$

Dementsprechend gehen die Gleichungen 7c), 8c), 9c) über in:

$$11) \ldots \begin{cases} X_m = \dfrac{1}{n}\left[\alpha\dfrac{B_{xx}}{\gamma} - \dfrac{2\cos(m\rho)}{1+\psi}\left(C_{xx} + \alpha\,\psi\,C_y\right)\right] = \\[2ex] \qquad = \dfrac{1}{n}\left[\dfrac{\alpha}{\gamma}B_{xx} - 2\left(\dfrac{A_{yy}}{1+\psi} + \alpha\,C_y\right)\cos(m\rho)\right] \\[2ex] Y_m = \dfrac{1}{n}\left[\dfrac{B_{xx}}{\gamma} - 2\cos(m\rho)\,C_y\right], \\[2ex] Z_m = -\dfrac{2}{n}\cdot\dfrac{\psi}{1+\psi}\cdot\sin(m\rho)\cdot A_{yy}. \end{cases}$$

Die Widerstände X_m, Y_m und Z_m lassen sich, wie wir sehen, unmittelbar durch die Belastungsglieder A_{yy}, B_{xx}, C_x und C_y ausdrücken, und da die Bestimmung[1]) letzterer Werte keine Schwierigkeiten bietet, so gestaltet sich die Durchführung der Untersuchung ebenso einfach als übersichtlich.

2. Die Spannungsverteilung bei ebener Stützung.

Anknüpfend an die vorhin erläuterte allgemeine Lösung ist es ohne weiteres möglich, die Kräfteverteilung bei ebener Stützung zu bestimmen. Sind die Rippen nur in radialer Richtung festgehalten, so verschwinden alle Werte Z und zugleich die Ausdrücke Ω_z und Ω'_z. Die Gleichungen 10) und 11) liefern unmittelbar:

$$12) \ldots \begin{cases} \Omega_y = -\dfrac{n-1}{n}\dfrac{B_{xx}}{\gamma}, \quad \Omega'_y = -\left(1-\dfrac{2}{n}\right)C_y, \quad \Omega'_x = -\left(1-\dfrac{2}{n}\right)C_x, \\[2ex] X_m = \dfrac{1}{n}\left[\dfrac{\alpha}{\gamma}B_{xx} - 2\,C_x\cdot\cos(m\rho)\right], \\[2ex] Y_m = \dfrac{1}{n}\left[\dfrac{B_{xx}}{\gamma} - 2\,C_y\cos(m\rho)\right] \end{cases}$$

Handelt es sich hingegen um eine tangentiale Stützung, so müssen die Schübe X_m und die Gruppen Ω_x und Ω_x' ausgeschaltet werden. Man setzt dann das Hauptsystem aus dem Schlußring, den Hauptrippen (o) und (n) und den senkrecht zu deren Ebene stehenden Nebenrippen (k) zusammen (Abb. 12).

Wird das erstere Rippenpaar nur lotrecht und das zweite nur wagerecht gestützt, so ist das Tragwerk für Lastangriffe in der Hauptebene statisch bestimmt und stabil.

Unter dem Einfluß der Belastung P (Abb. 13) entstehen in den Hauptrippen Auflagerkräfte Y_{00} und Y_{0n}, Momente M_{00} und M_{0n},

---

[1]) Näheres über die statische Bedeutung der Belastungsglieder und ihre graphische Ermittlung ist in der Schrift des Verfassers „Beitrag zur Theorie der Rippenkuppel" („Armierter Beton", 1912, Heft 1 und 2) enthalten.

und in den mittleren Nebenrippen (k) Schübe Z_{0k} und Momente $\mathfrak{M}_{0k}$ und W_{0k}, während durch die Widerstände Y_m und Z_m (Abb. 14) Stützkräfte:

$$Y_{0_n} = -(\Omega_y \pm \Omega'_y)$$

und Momente:

$$M'_{0_n} = -x(\Omega_y \pm \Omega'_y)$$

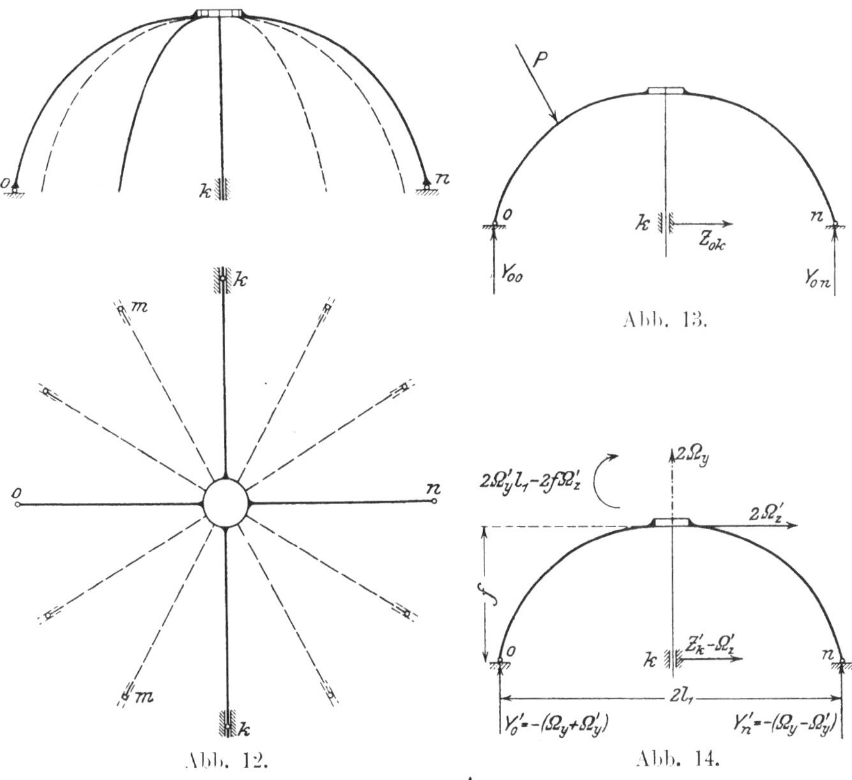

Abb. 13.

Abb. 12.

Abb. 14.

in den Hauptrippen, Auflagerwiderstände:

$$Y'_k = Y_k, \quad Z'_k = -\Omega'_z,$$

und Momente

$$M'_k = x Y_k, \quad \mathfrak{M}'_k = -u \Omega'_z, \quad W'_k = -v \Omega'_z$$

in den mittleren Nebenrippen hervorgerufen werden. Die Summe Ω_z' ist hierbei nur auf die Nebenrippen $1, 2, 3 \ldots (k-1), (k+1) \ldots (n-3)$, $(n-2), (n-1)$ zu erstrecken. Es ist also insgesamt:

$$13) \ldots \begin{cases} M_{0_n} = M_{0\,0_n} - x(\Omega_y \pm \Omega'_y), \quad M_k = x Y_k, \quad \mathfrak{M}_k = \mathfrak{M}_{0k} - u \Omega'_z, \\ W_k = W_{0k} - v \Omega'_z, \end{cases}$$

und für die übrigen Nebenrippen wie vorhin:

$$M_m = x Y_m, \quad \mathfrak{M}_m = u \cdot Z_m, \quad W_m = v \cdot Z_m.$$

Wendet man den Satz der kleinsten Formänderungsarbeit auf die in den Abb. 15 und 16 dargestellten Belastungszustände $Y_m = 1$ und $Z_m = 1$, so ergibt sich der Reihe nach:

$$2\,Y_m \int_0^1 x^2\,\frac{ds}{E\,I} + \int_0^1 (M_{00} + M_{0\,n})\,x\,\frac{ds}{E\,I} + 2\,\Omega_y \int_0^1 x^2\,\frac{ds}{E\,I} -$$

$$- 2\cos(m\,\rho)\left[\int_0^1 \frac{(M_{00} - M_{0\,n})}{2}\,\frac{x\,ds}{E\,I} - \Omega_y' \int_0^1 \frac{x^2\,ds}{E\,I}\right] = 0$$

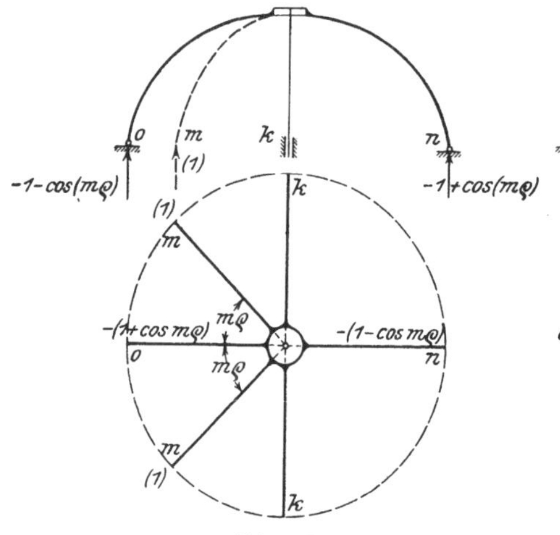

Abb. 15.

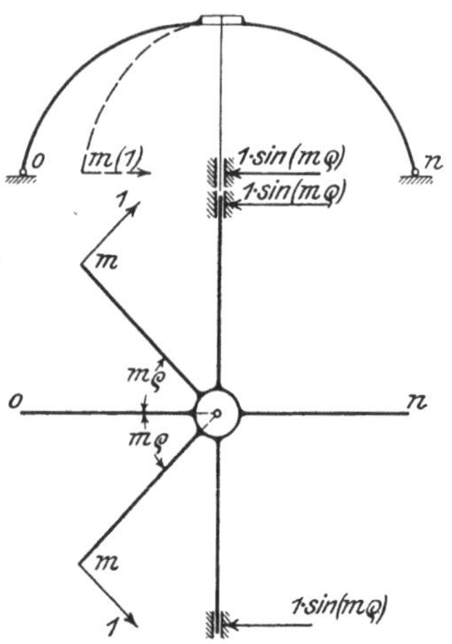

Abb. 16.

$$2\,[Z_m + \sin(m\,\rho)\,\Omega_z']\int_0^1 \left(\frac{u^2}{E\,I'} + \frac{v^2}{G\,I_p}\right)ds -$$

$$- 2\sin(m\,\rho)\int_0^1 \left(\mathfrak{M}_{0\,k}\cdot\frac{u}{E\,I'} + W_{0\,k}\cdot\frac{v}{G\,I_p'}\right)ds = 0.$$

Oder auch, wenn:

$$\frac{\displaystyle\int_0^1 \left(\mathfrak{M}_{0\,k}\frac{u}{E\,I'} + W_{0\,k}\cdot\frac{v}{G\,I'}\right)ds}{\displaystyle\int_0^1 \left(\frac{u^2}{E\,I'} + \frac{v^2}{G\,I_p}\right)ds} = A_{z\,z}$$

geschrieben wird:

14) ... $Y_m = (B_{x\,x} - \Omega_y) + \cos(m\,\rho)\,[A_{x\,x} - \Omega_y']$

15) ... $Z_m = \sin(m\,\rho)\,[A_{z\,z} - \Omega_z']$.

Durch Summation erhält man ferner:

$$\sum_{m=1}^{m=n-1} Y_m = \Omega_y = (n-1)(B_{xx} - \Omega_y)$$

$$\sum_{m=1}^{m=n-1} Y_m \cdot \cos(m\rho) = \Omega_y' = \left(\frac{n}{2} - 1\right)(A_{xx} - \Omega_y')$$

$$\sum_{m=1}^{m=n-1} Z_m \cdot \sin(m\rho) - Z_k = \Omega_z' = \left(\frac{n}{2} - 1\right)(A_{zz} - \Omega_z').$$

Daher auch:[1])

$$16) \dots \left\{ \begin{aligned} &\Omega_y = \frac{n-1}{n} B_{xx}, \quad \Omega_y' = \left(1 - \frac{2}{n}\right) A_{xx}, \quad \Omega_z' = \left(1 - \frac{2}{n}\right) A_{zz}, \\[2mm] &Y_m = \frac{1}{n}[B_{xx} + 2\cos(m\rho) \cdot A_{xx}], \quad Z_m = \frac{2}{n} \cdot \sin(m\rho) \cdot A_{zz}. \end{aligned} \right.$$

Es sei schließlich noch erwähnt, daß bei zyklisch symmetrischer Belastung und bei gleichmäßiger Wärmeänderung je zwei in der gleichen Ebene liegende Rippen sich, je nachdem die Stützung eine räumliche oder nur eine tangentiale ist, wie ein Zweigelenkbogen oder wie ein einfacher Balken verhalten. Da die Untersuchung sich dann in bekannter Weise durchführen läßt, so erübrigt es sich, auf diesen Sonderfall näher einzugehen.

Durch die vorstehenden Ausführungen ist die statische Eigenart der unversteiften Rippenkuppel in großen Zügen klargelegt wir wenden uns nun zu denjenigen räumlichen Tragwerken, die in ihrem Aufbau die gleiche Gesetzmäßigkeit aufweisen und sich daher ebenso einfach behandeln lassen.

---

[1]) Die Momentenwerte des Ausdrücke A_{xx}, B_{xx} beziehen sich hierbei auf das statisch bestimmte Hauptsystem.

II. Abschnitt.

Die Rippenkuppel mit starren Versteifungsböden.

1. Verteilung der Ringwiderstände.

Diese Tragwerk kommt im Hochbau, bei der Ausführung von Türmen und Zeltdächern, in Betracht. Es besteht, wie Abb. 17 zeigt, aus dem Geripppe und den Versteifungsböden. Dieselben werden meistens als ebene Träger ausgebildet und derartig an die Rippen angeschlossen[2]), daß letztere sowohl eine radiale als eine tangentiale Führung erhalten. An jeder Anschlußstelle treten daher Widerstände K_{im} und L_{im}, welche radial, bzw. tangential gerichtet sind, auf: durch das Zeigerpaar (im) wird hierbei angedeutet, daß es sich um den i-ten Versteifungsboden und um die m-te Rippe handelt.

Zwischen allen Kräften K und L, die am gleichen Versteifungsboden (i) wirken, bestehen offenbar nach Abb. 18 die folgenden Gleichgewichtsbeziehungen:

$$17) \quad \ldots \quad K_{i0} = - K_{in} = \sum_{m=1}^{m=n-1} [K_{im} \cdot \cos(m\,\rho) + L_{im} \cdot \sin(m\,\rho)].$$

Die Belastung der m^{ten} Nebenrippen setzt sich aus den Kräften $K_{am}, K_{bm} \ldots K_{rm}, L_{am}, L_{bm} \ldots L_{rm}$ und den Stützenwiderständen X_m, Y_m und Z_m zusammen (Abb. 19). Sie ruft die Biegungsmomente

$$18) \quad \ldots \quad \begin{cases} M_m = \displaystyle\sum_{i=a}^{i=r} y_i\, K_{im} + x\, Y_m - y\, X_m, \\[2ex] \mathfrak{M}_m = \displaystyle\sum_{i=a}^{i=r} u_i\, L_{im} + u\, Z_m, \text{ und die Verwindungsmomente} \\[2ex] W_m = \displaystyle\sum_{i=a}^{i=r} v_i\, L_{im} + v\, Z_m \end{cases}$$

hervor. Die Ordinaten y_i, u_i und v_i dürfen hierbei nur soweit sie positiv sind in Rechnung gestellt werden.

---

[2]) Die Kuppel der Breslauer Jahrhunderthalle kann mit ihren ringförmigen Dachdecken als das zutreffendste Beispiel eines Raumfachwerkes mit starren Versteifungsböden angeführt werden.

Die Hauptrippen werden einerseits durch die Kräfte K_{a0}, K_{b0} ....
K_{r0}, K_{an}, K_{bn} ..... K_{rn} und durch die Resultierende Ω_{k1} aller übrigen

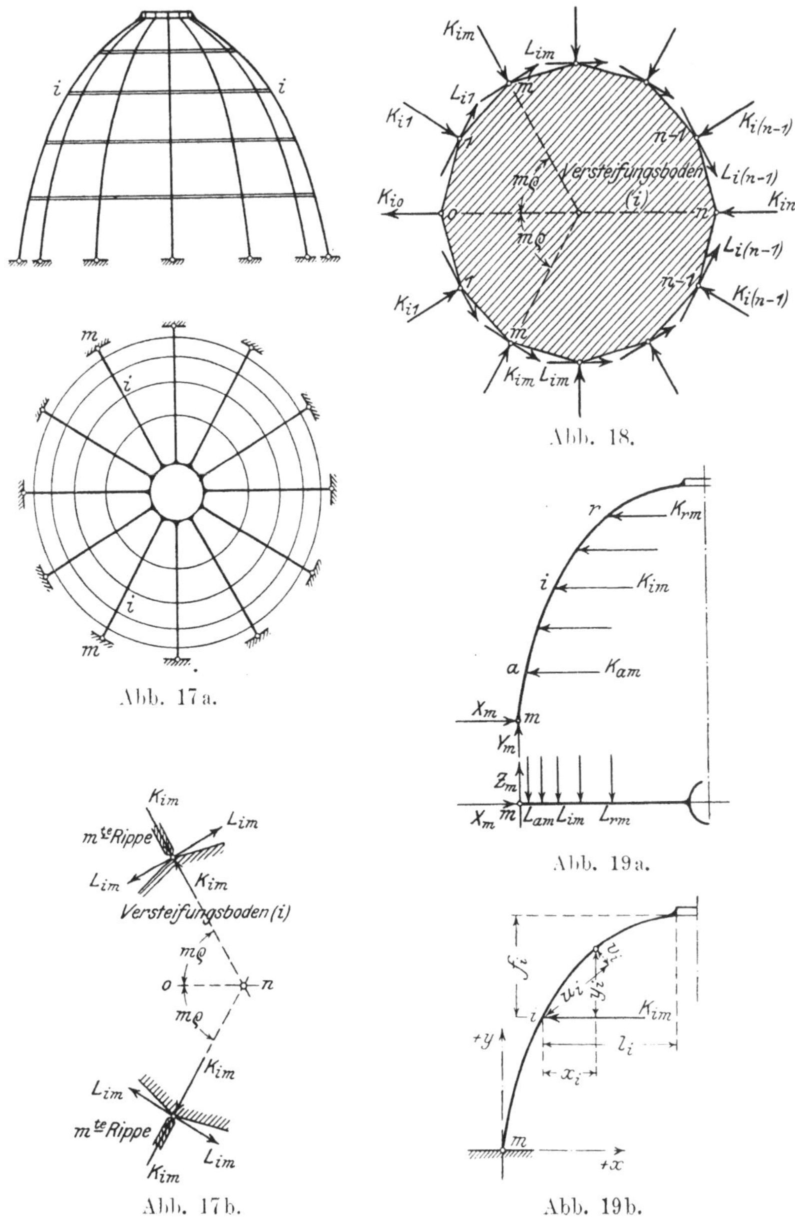

Widerstände K_{im} und L_{im} und andererseits durch die Resultierende Ω_{xyz}
aller Stützkräfte X_m, Y_m und Z_m beansprucht (Abb. 20). Unter dem

Einfluß der ersten Kraftgruppe entstehen im Hauptsystem (Abb. 20 a) Auflagerwiderstände:

$$X_{0_n} = \mp \frac{1}{2} \sum_{i=a}^{i=r} (K_{io} + K_{in}) = \mp \sum_{i=a}^{i=r} \sum_{m=1}^{m=n-1} [K_{im} \cdot \cos(m\,\rho) + L_{im} \cdot \sin(m\rho)],$$

$$Y_{0_n} = \mp \frac{1}{2l_1} \sum_{i=a}^{i=r} (K_{io} + K_{in})\,(f - f_i) =$$

$$= \mp \frac{1}{l_1} \sum_{i=a}^{i=r} \sum_{m=1}^{m=n-1} [K_{im} \cos(m\,\rho) + L_{im} \cdot \sin(m\,\rho)]\,(f - f_i),$$

und Biegungsmomente:

$$M_{0_n} = \mp \sum_{i=a}^{i=r} \sum_{m=1}^{m=n-1} [K_{im} \cdot \cos(m\,\rho) + L_{im} \cdot \sin(m\,\rho)] \left[\frac{x}{l_1}(f - f_i) - (y - y_i) \right].$$

Ersetzt man in Abb. 20 b die Resultierende $\Omega_{(kl)}$ durch eine am Scheitel angreifende wagerechte Schubkraft

$$2 \sum_{m=1}^{m=n-1} \sum_{i=a}^{i=r} [K_{im} \cdot \cos(m\,\rho) + L_{im} \cdot \sin(m\,\rho)]$$

und durch ein Kräftepaar

$$2 \sum_{i=a}^{i=r} f_i \sum_{m=1}^{m=n-1} [K_{im} \cdot \cos(m\,\rho) + L_{im} \cdot \sin(m\,\rho)],$$

so rufen diese Kraftgrößen die Widerstände:

$$X_{0_n} = \pm \sum_{i=a}^{i=r} \sum_{m=1}^{m=n-1} [K_{im} \cdot \cos(m\,\rho) + L_{im} \cdot \sin(m\,\rho)],$$

$$Y_{0_n} = \pm \frac{1}{l_1} \sum_{i=a}^{i=r} \sum_{m=1}^{m=n-1} (f - f_i)\,[K_{im} \cos(m\,\rho) + L_{im} \cdot \sin(m\,\rho)],$$

und die Biegungsmomente:

$$M_{0_n} = \pm \sum_{i=a}^{i=r} \sum_{m=1}^{m=n-1} [K_{im} \cdot \cos(m\,\rho) + L_{im} \cdot \sin(m\,\rho)] \left[\frac{x}{l_1}(f - f_i) - y \right]$$

hervor.

Der Belastungsgruppe Ω_{xyz} entsprechen nach Abb. 20c wie bei der unversteiften Rippenkuppel die Stützkräfte:

$$X_{0_n} = -\alpha\,\Omega_y \mp (\Omega'_x + \Omega'_z), \quad Y_{0_n} = -\Omega_y \mp \Omega'_y$$

und die Momente:

$$M_{0_n} = (\alpha\,y - x)\,\Omega_y \mp x \cdot \Omega'_y \pm y\,(\Omega'_x + \Omega'_z).$$

Fügen wir allen diesen Werten die durch die äußere Belastung P erzeugten Kraftgrößen X_{00}, X_{0n}, Y_{00}, Y_{0n}, M_{00}, M_{0n} hinzu, so ergibt sich schließlich für den wirklichen Kräftezustand insgesamt:

$$19) \ldots \left\{ \begin{aligned} X_{0_n} &= X_{00_n} - \alpha \, \Omega_y \mp (\Omega'_x + \Omega'_z), \\ Y_{0_n} &= Y_{00_n} - \Omega_y \mp \Omega'_y, \\ M_{0_n} &= M_{00_n} + (\alpha \, y - x) \, \Omega_x \mp x \, \Omega'_y \pm y \, (\Omega'_x + \Omega'_z) \\ &\quad \mp \sum_{i=a}^{r=i} \sum_{m=1}^{m=n-1} y_i \, [K_{im} \cdot \cos(m\varrho) + L_{im} \cdot \sin(m\varrho)]. \end{aligned} \right.$$

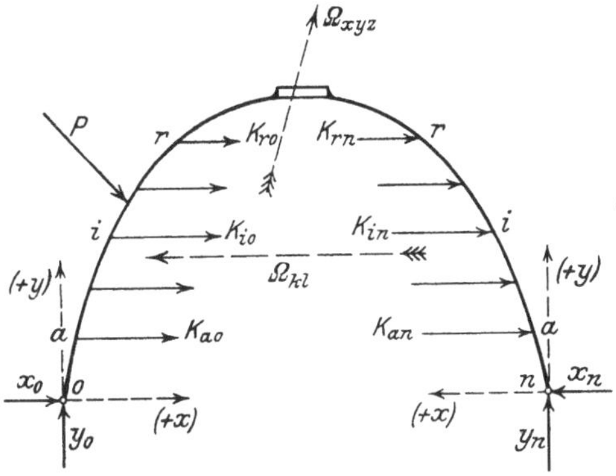

Abb. 20.

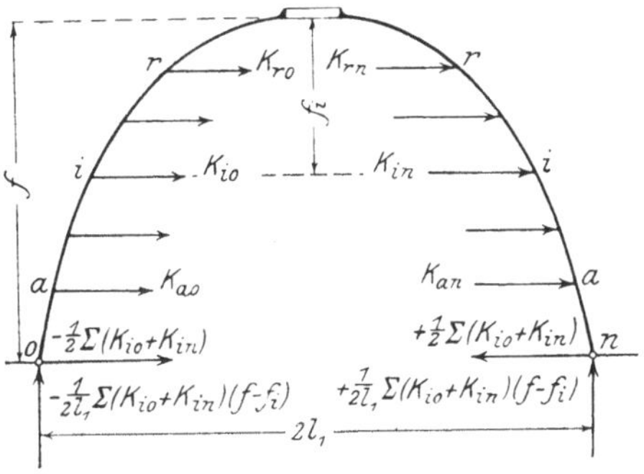

Abb. 20a.

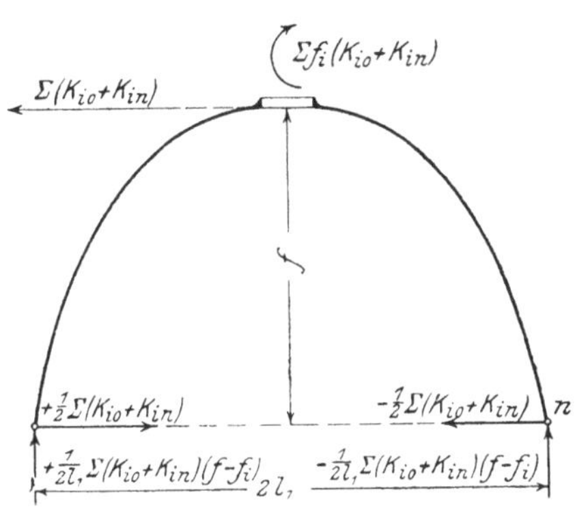

Abb. 20b.

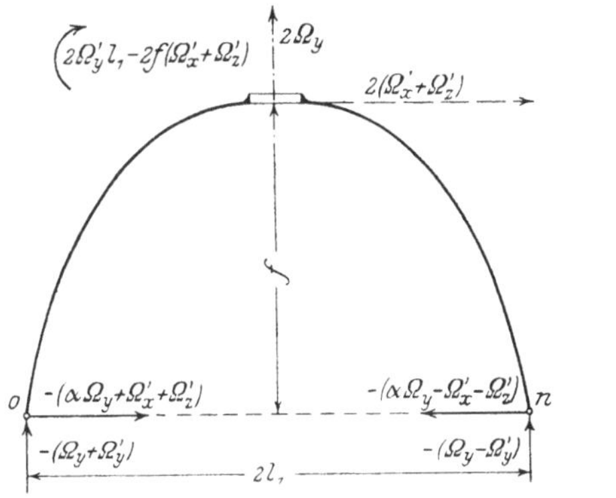

Abb. 20c.

Wir wollen nun aus den Widerständen K, L, X, Y, Z neue Gruppen bilden, die einer besonderen Gesetzmäßigkeit folgen und sich daher als statisch unbestimmte Größen in übersichtlicher Form zuordnen und ermitteln lassen.

2. Bildungsgesetze der statisch unbestimmten Gruppen.

Wir greifen aus dem Fachwerk irgendeine Rippe heraus und denken uns dieselbe an ihrem oberen Ende unwandelbar eingespannt und an ihrem unteren drehbar befestigt (Abb. 21). Auf dieses stellvertretende Gebilde lassen wir in der Rippenebene drei Kräfte wirken: die wagerechte Last $K_i = 1$ und die Widerstände $X = X_i$ und $Y = Y_i$.

Die entsprechenden Biegungsmomente folgen der Gleichung:

20) ... $M_i = y_i + x\,Y_i - y\,X_i$

Die Größen X_i und Y_i sollen hierbei derartig gewählt werden, daß die Gleichungen

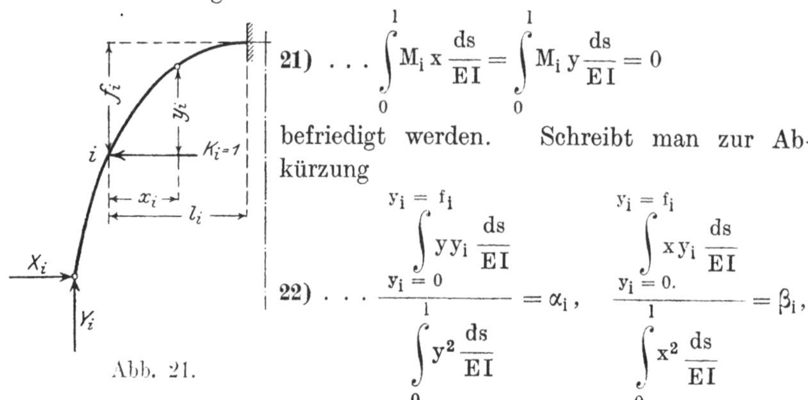

Abb. 21.

$$21) \quad \ldots \quad \int_0^1 M_i\, x\, \frac{ds}{EI} = \int_0^1 M_i\, y\, \frac{ds}{EI} = 0$$

befriedigt werden. Schreibt man zur Abkürzung

$$22) \quad \ldots \quad \frac{\displaystyle\int_{y_i=0}^{y_i=f_i} y\,y_i\, \frac{ds}{EI}}{\displaystyle\int_0^1 y^2\, \frac{ds}{EI}} = \alpha_i\,, \qquad \frac{\displaystyle\int_{y_i=0.}^{y_i=f_i} x\,y_i\, \frac{ds}{EI}}{\displaystyle\int_0^1 x^2\, \frac{ds}{EI}} = \beta_i\,,$$

so erhält man die Bedingungsgleichungen:

23) ... $Y_i - \beta\,X_i = -\beta_i\,, \qquad X_i - \alpha\,Y_i = \alpha_i\,.$

Hieraus ergibt sich:

$$24) \quad \ldots \quad X_i = + \frac{\alpha_i - \alpha\,\beta_i}{\gamma}\,, \qquad Y_i = - \frac{\beta_i - \beta \cdot \alpha_i}{\gamma}\,.$$

In ähnlicher Weise ermitteln wir für verschiedene Punkte a, b, c … r der Rippenmittellinie die zugehörigen Werte X_a, X_b, $X_c \ldots X_r$, Y_a, Y_b, $Y_c \ldots Y_r$, M_a, M_b, $M_c \ldots M_r$ und bilden aus denselben die folgenden Ausdrücke:

$$25) \ldots \begin{cases} \overline{X}_a = \varepsilon_{aa}\,X_a\,, \\[4pt] \overline{X}_b = \varepsilon_{ab}\,\overline{X}_a + \varepsilon_{bb}\,X_b\,, \\[4pt] \overline{X}_c = \varepsilon_{ac}\,\overline{X}_a + \varepsilon_{bc}\,\overline{X}_b + \varepsilon_{cc}\,X_c\,, \\[4pt] \qquad\cdot\quad\cdot\quad\cdot\quad\cdot\quad\cdot\quad\cdot\quad\cdot\quad\cdot \\[4pt] \overline{X}_r = \varepsilon_{ar}\,\overline{X}_a + \varepsilon_{br}\,\overline{X}_b + \varepsilon_{cr}\,\overline{X}_c + \ldots + \varepsilon_{rr}\,X_r \end{cases}$$

$$\begin{cases} \overline{Y}_a = \varepsilon_{aa}\,Y_a\,, \\[4pt] \overline{Y}_b = \varepsilon_{ab}\,\overline{Y}_a + \varepsilon_{bb}\,Y_b\,, \\[4pt] \overline{Y}_c = \varepsilon_{ac}\,\overline{Y}_a + \varepsilon_{bc}\,\overline{Y}_b + \varepsilon_{cc}\,Y_c\,, \\[4pt] \qquad\cdot\quad\cdot\quad\cdot\quad\cdot\quad\cdot\quad\cdot\quad\cdot\quad\cdot \\[4pt] \overline{Y}_r = \varepsilon_{ar}\,\overline{Y}_a + \varepsilon_{br}\,\overline{Y}_b + \varepsilon_{cr}\,\overline{Y}_c + \ldots + \varepsilon_{rr}\,Y_r\,, \end{cases}$$

$$\begin{cases} \overline{M}_a = \varepsilon_{aa}\,M_a\,, \\[4pt] \overline{M}_b = \varepsilon_{ab}\,\overline{M}_a + \varepsilon_{bb}\,M_b\,, \\[4pt] \overline{M}_c = \varepsilon_{ac}\,\overline{M}_a + \varepsilon_{bc}\,\overline{M}_b + \varepsilon_{cc}\,M_c\,, \\[4pt] \qquad\cdot\quad\cdot\quad\cdot\quad\cdot\quad\cdot\quad\cdot\quad\cdot\quad\cdot \\[4pt] \overline{M}_r = \varepsilon_{ar}\,\overline{M}_a + \varepsilon_{br}\,\overline{M}_b + \varepsilon_{cr}\,\overline{M}_c + \ldots + \varepsilon_{rr}\,M_r\,. \end{cases}$$

Über die $\frac{r}{2}(r+1)$ unveränderlichen Beizahlen ε wollen wir derartig verfügen, daß einerseits die r quadratischen Glieder

$$\varepsilon_{aa} = \varepsilon_{bb} = \varepsilon_{cc} = \ldots = \varepsilon_{rr} = 1$$

werden, und daß andererseits alle Integrale in der Form

$$\int_0^1 M_i \cdot M_k \cdot \frac{ds}{EI} = [M_i,\, M_k]$$

verschwinden. Setzen wir dementsprechend

$$26)\ \ldots\ \begin{cases} [M_a,\, M_b] = 0, \\ [M_a,\, M_c] = [M_b,\, M_c] = 0, \\ [M_a,\, M_d] = [M_b,\, M_d] = [M_c,\, M_d] = 0, \\ \quad \cdot\ \cdot\ \cdot\ \cdot\ \cdot\ \cdot\ \cdot\ \cdot\ \cdot\ \cdot\ \cdot\ \cdot \\ [M_a,\, M_r] = [M_b,\, M_r] = [M_c,\, M_r] = \ldots [M_{r-1},\, M_r] = 0, \end{cases}$$

so erhalten wir der Reihe nach:

$$\varepsilon_{ab} = -\frac{[M_a,\, M_b]}{[M_a,\, M_a]}, \qquad \varepsilon_{ac} = -\frac{[M_a,\, M_c]}{[M_a,\, M_a]}, \ \ldots\ \varepsilon_{ar} = -\frac{[M_a,\, M_r]}{[M_a,\, M_a]}$$

$$\varepsilon_{bc} = -\frac{[M_b,\, M_c]}{[M_b,\, M_b]}, \qquad \varepsilon_{bd} = -\frac{[M_b,\, M_d]}{[M_b,\, M_b]}, \ \ldots\ \varepsilon_{br} = -\frac{[M_b,\, M_r]}{[M_b,\, M_b]}$$

oder ganz allgemein

$$27)\ \ldots\ \varepsilon_{ik} = -\frac{[M_i,\, M_k]}{[M_i,\, M_i]}.$$

Wir bringen jetzt an dem stellvertretenden Gebilde die wagerechten Kräfte $L = 1$ und $Z = Z_i$ an (Abb. 22). Sie rufen Momente

$$28)\ \ldots\ \mathfrak{M}_i = u_i - u\,Z_i, \quad W_i = v_i - v\,Z_i$$

hervor. Soll die Bedingung

$$29)\ \ldots\ \int_0^1 \mathfrak{M}_i \cdot u\, \frac{ds}{EI'} + \int_0^1 W_i \cdot v\, \frac{ds}{GI_p} = 0$$

erfüllt werden, so muß Z_i der Gleichung:

$$30)\ \ldots\ Z_i = \frac{\displaystyle\int_{u_i=0}^{u_i=l_i} u\, u_i \cdot \frac{ds}{EI'} + \int_{v_i=0}^{v_i=f_i} v\, v_i \cdot \frac{ds}{GI_p}}{\displaystyle\int_0^1 u^2\, \frac{ds}{EI'} + \int_0^1 v^2\, \frac{ds}{GI_p}}$$

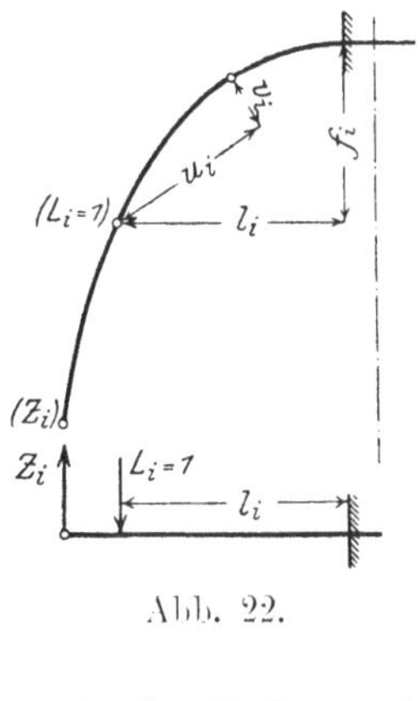

genügen. Mit Hilfe dieser Formeln bestimmen wir der Reihe nach für die Punkte a, b, $c \ldots r$ der Rippenmittellinie die zugehörigen Werte

Abb. 22.

$\mathfrak{M}_a$, $\mathfrak{M}_b$, $\mathfrak{M}_c \ldots \mathfrak{M}_r$, W_a, W_b, $W_c \ldots W_r$, Z_a, Z_b, $Z_c \ldots Z_r$ und bilden aus denselben die folgenden Gruppen:

$$31) \ldots \begin{cases} \overline{Z}_a = \varkappa_{aa}\,Z_a, \\ \overline{Z}_b = \varkappa_{ab}\,\overline{Z}_a + \varkappa_{bb}\,Z_b, \\ \overline{Z}_c = \varkappa_{ac}\,Z_a + \varkappa_{bc}\,\overline{Z}_b + \varkappa_{cc}\,Z_c \\ \cdots \cdots \cdots \cdots \cdots \cdots \cdots \\ \overline{Z}_r = \varkappa_{ar}\,Z_a + \varkappa_{br}\,\overline{Z}_b + \varkappa_{cr}\,\overline{Z}_c + \ldots \varkappa_{rr}\,Z_r \end{cases}$$

$$\begin{cases} \overline{\mathfrak{M}}_a = \varkappa_{aa}\,\mathfrak{M}_a \\ \overline{\mathfrak{M}}_b = \varkappa_{ab}\,\overline{\mathfrak{M}}_a + \varkappa_{bb}\,\mathfrak{M}_b \\ \overline{\mathfrak{M}}_c = \varkappa_{ac}\,\overline{\mathfrak{M}}_a + \varkappa_{bc}\,\overline{\mathfrak{M}}_b + \varkappa_{cc}\,\mathfrak{M}_c \\ \cdots \cdots \cdots \cdots \cdots \cdots \cdots \\ \overline{\mathfrak{M}}_r = \varkappa_{ar}\,\overline{\mathfrak{M}}_a + \varkappa_{br}\,\overline{\mathfrak{M}}_b + \varkappa_{cr}\,\overline{\mathfrak{M}}_c + \ldots + \varkappa_{rr}\,\mathfrak{M}_r \end{cases}$$

$$\begin{cases} \overline{W}_a = \varkappa_{aa}\,W_a \\ \overline{W}_b = \varkappa_{ab}\,\overline{W}_a + \varkappa_{bb}\,W_b \\ \overline{W}_c = \varkappa_{ac}\,\overline{W}_a + \varkappa_{bc}\,\overline{W}_b + \varkappa_{cc}\,W_c \\ \cdots \cdots \cdots \cdots \cdots \cdots \cdots \\ \overline{W}_r = \varkappa_{ar}\,W_r + \varkappa_{br}\,\overline{W}_b + \varkappa_{cr}\,\overline{W}_c + \ldots \varkappa_{rr}\,W_r \end{cases}$$

Hierin stellen die $\varkappa$ konstante Beizahlen dar. In ähnlicher Weise wie vorhin setzen wir

$$\varkappa_{aa} = \varkappa_{bb} = \varkappa_{cc} = \ldots \varkappa_{rr} = 1$$

und wählen die $\dfrac{r}{2}\,(r-1)$ übrigen $\varkappa$ derartig, daß die Integrale in der Form

$$32) \ldots \int_0^1 \overline{\mathfrak{M}}_i \cdot \overline{\mathfrak{M}}_k\,\frac{ds}{E\,I'} + \int_0^1 \overline{W}_i \cdot W_k\,\frac{ds}{E\,I} = [\overline{\mathfrak{M}}_i, \overline{\mathfrak{M}}_k] + [\overline{W}_i, W_k] = 0$$

werden. Löst man die entsprechenden Gleichungen für die Zeiger-paare a b, a c, a d…ar, b c, b d … b r, … usf., so erhält man ganz allgemein:

$$33) \ldots \varkappa_{ik} = -\,\frac{[\overline{\mathfrak{M}}_i, \overline{\mathfrak{M}}_k] + [\overline{W}_i, W_k]}{[\overline{\mathfrak{M}}_i, \overline{\mathfrak{M}}_i] + \overline{W}_i, W_i]}.$$

Wir ersetzen nun die Werte K_i durch ein System gleichwertiger Gruppen S_i und zwar dergestalt, daß die Gleichungen:

$$34) \ldots \begin{cases} K_a = \vartheta_{aa}\,S_a + \vartheta_{ab}\,S_b + \vartheta_{ac}\,S_c + \ldots + \vartheta_{ar}\,S_r \\ K_b = \qquad\quad\ \vartheta_{bb}\,S_b + \vartheta_{bc}\,S_c + \ldots + \vartheta_{br}\,S_r \\ K_c = \qquad\qquad\qquad\ \vartheta_{cc}\,S_c + \ldots + \vartheta_{cr}\,S_r \\ \cdots \cdots \cdots \cdots \cdots \cdots \cdots \\ K_r = \qquad\qquad\qquad\qquad\qquad\quad + \vartheta_{rr} \cdot S_r \end{cases}$$

befriedigt werden. Die Bestimmungsgleichungen der Beizahlen ϑ_{ik} mögen hierbei lauten:

$$\left\{\begin{aligned}
\vartheta_{aa} &= \varepsilon_{aa} \\
\vartheta_{ab} &= \varepsilon_{ab}\,\vartheta_{aa} \\
\vartheta_{ac} &= \varepsilon_{ac}\,\vartheta_{aa} + \varepsilon_{bc}\,\vartheta_{ab} \\
\vartheta_{ad} &= \varepsilon_{ad}\,\vartheta_{aa} + \varepsilon_{bd}\,\vartheta_{ab} + \varepsilon_{cd}\,\vartheta_{ac} \\
&\qquad\cdots\cdots\cdots\cdots\cdots\cdots \\
\vartheta_{ar} &= \varepsilon_{ar}\,\vartheta_{aa} + \varepsilon_{br}\,\vartheta_{ab} + \varepsilon_{cr}\,\vartheta_{ac} + \cdots + \varepsilon_{(r-1)r}\,\vartheta_{a(r-1)}
\end{aligned}\right.$$

$$\left\{\begin{aligned}
\vartheta_{bb} &= \varepsilon_{bb} \\
\vartheta_{bc} &= \varepsilon_{bc}\,\vartheta_{bb} \\
\vartheta_{bd} &= \varepsilon_{bd}\,\vartheta_{bb} + \varepsilon_{cd}\,\vartheta_{bc} \\
&\qquad\cdots\cdots\cdots\cdots\cdots\cdots \\
\vartheta_{br} &= \varepsilon_{br}\,\vartheta_{bb} + \varepsilon_{cr}\,\vartheta_{bc} + \varepsilon_{dr}\,\vartheta_{bd} + \cdots + \varepsilon_{(r-1)r}\,\vartheta_{b(r-1)}.
\end{aligned}\right.$$

oder ganz allgemein:

$$35) \quad \ldots \quad \vartheta_{pq} = \sum_{i=p}^{i=(q-1)} \varepsilon_{iq} \cdot \vartheta_{pi}.$$

Es ist dann offenbar:

$$36) \quad \ldots \left\{\begin{aligned}
&M_a K_a + M_b K_b + M_c K_c + \cdots + M_r K_r = \bar{M}_a \cdot S_a + \bar{M}_b \cdot S_b + \\
&\qquad + \bar{M}_c \cdot S_c + \cdots \bar{M}_r \cdot S_r.
\end{aligned}\right.$$

In ähnlicher Weise bilden wir aus den Größen L_i die Funktionen

$$37) \quad \ldots \left\{\begin{aligned}
L_a &= \lambda_{aa} T_a + \lambda_{ab} T_b + \lambda_{ac} T_c + \cdots + \lambda_{ar} T_r \\
L_b &= \qquad\qquad\;\; + \lambda_{bb} T_b + \lambda_{bc} T_c + \cdots + \lambda_{br} T_r \\
L_c &= \qquad\qquad\qquad\qquad\quad + \lambda_{cc} T_c + \cdots + \lambda_{cr} T_r \\
&\qquad\cdots\cdots\cdots\cdots\cdots\cdots\cdots \\
L_r &= \qquad\qquad\qquad\qquad\qquad\qquad\qquad + \lambda_{rr} T_r
\end{aligned}\right.$$

und wählen die Beizahlen λ_{ik} derartig, daß die Gleichungen

$$\lambda_{pq} = \sum_{i=p}^{i=(q-1)} \varkappa_{iq} \cdot \lambda_{pi}$$

erfüllt werden. Hierdurch gewinnen wir die Formeln:

$$38) \quad \ldots \left\{\begin{aligned}
&\mathfrak{M}_a L_a + \mathfrak{M}_b L_b + \mathfrak{M}_c L_c + \cdots + \mathfrak{M}_r L_r = \mathfrak{M}_a T_a + \bar{\mathfrak{M}}_b T_b + \\
&\qquad + \bar{\mathfrak{M}}_c T_c + \cdots + \bar{\mathfrak{M}}_r T_r, \\
&W_a L_a + W_b L_b + W_c L_c + \cdots + W_r L_r = \bar{W}_a T_a + \bar{W}_b T_b + \\
&\qquad + \bar{W}_c T_c + \cdots + \bar{W}_r T_r.
\end{aligned}\right.$$

Wenden wir jetzt diese Beziehungen auf die m^{te} Nebenrippe an so erhalten wir:

$$39)\ldots\begin{cases} K_{im} = \sum_{k=i}^{k=r} \vartheta_{ik}\cdot S_{km}, \quad L_{im} = \sum_{k=i}^{k=r} \lambda_{ik}\cdot T_{km}, \\[2ex] \sum_{i=a}^{i=r} M_i\cdot K_{im} = \sum_{i=a}^{i=r} \overline{M}_i\, S_{im}, \quad \sum_{i=a}^{i=r} \mathfrak{M}_i\cdot L_{im} = \sum_{i=a}^{i=r} \mathfrak{M}_i\, T_{im}, \\[2ex] \sum_{i=a}^{i=r} W_i\cdot L_{im} = \sum_{i=a}^{i=r} \overline{W}_i\, T_{im}, \end{cases}$$

Setzen wir noch

$$40)\ldots\begin{cases} X_m = \sum_{i=a}^{i=r} \overline{X}_i\, S_{im} + \Delta X_m, \quad Y_m = \sum_{i=a}^{i=r} \overline{Y}_i\, S_{im} + \Delta Y_m. \\[2ex] Z_m = \sum_{i=a}^{i=r} \overline{Z}_i\, T_{im} + \Delta Z_m, \end{cases}$$

so gehen die Gleichungen 18) schließlich über in:

$$41)\ldots,\begin{cases} M_m = \sum_{i=a}^{i=r} \overline{M}_i\, S_{im} + x\,\Delta Y_m - y\,\Delta X_m, \\[2ex] \mathfrak{M}_m = \sum_{i=a}^{i=r} \mathfrak{M}_i\, T_{im} + u\,\Delta Z_m, \quad W_m = \sum_{i=a}^{i=r} \overline{W}_i\cdot T_{im} + v\,\Delta Z_m, \end{cases}$$

Durch diese Umwandlung haben wir den für die weitere Behandlung sehr wertvollen Vorteil gewonnen, daß alle Integrale in der Form

$$\int_0^l \frac{\partial M_m}{\partial S_{im}}\cdot\frac{\partial M_m}{\partial \Delta X_m}\cdot\frac{ds}{EI} = \int_0^l \frac{\partial M_m}{\partial S_{im}}\cdot\frac{\partial M_m}{\partial \Delta Y_m}\cdot\frac{ds}{EI} = \int_0^l \frac{\partial M_m}{\partial S_{im}}\cdot\frac{\partial M_m}{\partial S_{km}}\cdot\frac{ds}{EI} =$$

$$= \int_0^l \frac{\partial \mathfrak{M}_m}{\partial T_{im}}\cdot\frac{\partial \mathfrak{M}_m}{\partial \Delta Z_m}\cdot\frac{ds}{EI'} + \int_0^l \frac{\partial W_m}{\partial T_{im}}\cdot\frac{\partial W_m}{\partial \Delta Z_m}\cdot\frac{ds}{G\,I_p} =$$

$$= \int_0^l \frac{\partial \mathfrak{M}_m}{\partial T_{im}}\cdot\frac{\partial \mathfrak{M}_m}{\partial T_{km}} + \int_0^l \frac{\partial W_m}{\partial T_{im}}\cdot\frac{\partial W_m}{\partial T_{km}}\cdot\frac{ds}{G\,I_p} = 0$$

werden, und hiermit wird die Lösung der Aufgabe wesentlich erleichtert

Führen wir in die Gleichungen 19) statt der Werte K, L, X, Y, Z die entsprechenden, durch die Gl. 40) und 41) definierten Funktionen ein, und schreiben wir zur Abkürzung

$$42)\ldots\begin{cases} \sum_{m=1}^{m=n-1} \Delta X_m\cdot\cos(m\,\rho) = \Omega'_{\delta x}, \quad \sum_{m=1}^{m=n-1} \Delta Y_m = \Omega_{\delta y}, \\[2ex] \sum_{m=1}^{m=n-1} \Delta Y_m\cdot\cos(m\,\rho) = \Omega'_{\delta y}, \quad \sum_{m=1}^{m=n-1} \Delta Z_m\cdot\sin(m\,\rho) = \Omega'_{\delta z}, \\[2ex] \sum_{m=1}^{m=n-1} S_{im}\cdot\overline{Y}_i = O_i, \quad \sum_{m=1}^{m=n-1} S_{im}\cdot\cos(m\,\rho) = O'_i, \\[2ex] \sum_{i=a}^{i=r} O_i + \Omega_{\delta y} = \Theta, \quad \sum_{m=1}^{m=n-1} T_{im}\cdot\sin(m\,\rho) = R_i, \end{cases}$$

so erhalten wir der Reihe nach:

$$43) \dots \begin{cases} X_{0_n} = X_{0\,0_n} - \alpha\,\Theta \mp (\Omega'_{\partial\,x} + \Omega'_{\partial\,z}) \mp \sum_{i=a}^{i=r} R_i \cdot Z_i, \\[2mm] Y_{0_n} = Y_{0\,0_n} - \Theta \mp \Omega'_{\partial\,y}, \\[2mm] M_{0_n} = M_{0\,0_n} + (\alpha\,y - x)\,\Theta \mp [y\,(\Omega'_{\partial\,x} + \Omega'_{\partial\,z}) - x\,\Omega'_{\partial\,y}] \mp \\[2mm] \qquad\qquad \sum_{i=a}^{i=r} (M_i\,O'_i + \mu_i\,R_i). \end{cases}$$

In diesen Formeln beziehen sich wie immer die oberen Zeiger und Vorzeichen auf die Rippe (o), die unteren auf die Rippe (n). Die Werte μ_i folgen hierbei den Gleichungen:

$$44) \dots \begin{cases} \mu_a = \lambda_{a\,a}\,y_a - y\,Z_a, \\[2mm] \mu_b = \lambda_{a\,b}\,y_a + \lambda_{b\,b} \cdot y_b - y\,Z_b, \\[2mm] \mu_c = \lambda_{a\,c}\,y_a + \lambda_{b\,c} \cdot y_b + \lambda_{c\,c} \cdot y_c - y\,Z_c, \\[2mm] \cdot \quad \cdot \quad \cdot \quad \cdot \quad \cdot \quad \cdot \quad \cdot \quad \cdot \quad \cdot \quad \cdot \\[2mm] \mu_r = \lambda_{a\,r}\,y_a + \lambda_{b\,r} \cdot y_b + \lambda_{c\,r} \cdot y_c + \cdots + \lambda_{r\,r} \cdot y_r - y \cdot Z_r. \end{cases}$$

Durch die bisherigen Entwickelungen sind die Beziehungen zwischen den inneren und den äußeren Widerständen des Fachwerkes und den Werten $\Delta\,X$, $\Delta\,Y$, $\Delta\,Z$, S und T festgelegt. Die Ermittelung dieser Größen ist das nächste Ziel der Untersuchung.

3. Ermittelung der Formänderungsbedingungen bei ebener Stützung.

Um den Gang der Berechnung anschaulicher darstellen zu können, möge der Sonderfall, daß sowohl die Versteifungsböden als die Rippen nur in radialer Richtung gestützt sind, zuerst behandelt werden. Es verschwinden dann alle Werte L, T, Z und somit auch R und $\Omega'_{\partial\,z}$. Die Gleichungen 43) gestalten sich dann folgendermaßen:

$$43^a) \dots \begin{cases} X_{0_n} = X_{0\,0_n} - \alpha\,\Theta \mp \Omega'_{\partial\,x}, \\[2mm] Y_{0_n} = Y_{0\,0_n} - \Theta \mp \Omega'_{\partial\,y}, \\[2mm] M_{0_n} = M_{0\,0_n} + (\alpha\,y - x)\,\Theta \pm (y\,\Omega'_{\partial\,x} - x\,\Omega'_{\partial\,y}) \mp \sum_{i=a}^{i=r} M_i\,O'_i. \end{cases}$$

Die Elastizitätsbedingungen lauten:

$$45) \dots \int \frac{M}{E\,I} \cdot \frac{\partial M}{\partial\Delta X_m}\,ds = \int \frac{M}{E\,I} \cdot \frac{\partial M}{\partial\Delta Y_m}\,ds = \int \frac{M}{E\,I} \cdot \frac{\partial M}{\partial S_{im}}\,ds = 0$$

Die zwei ersten Gleichungen liefern in Übereinstimmung mit den Gleichungen 7) und 8):

$$- 2 \int_0^l M_m \cdot y \, \frac{ds}{E\,I} + 2\cos(m\rho) \int_0^l \frac{M_0 - M_n}{2} \cdot y \, \frac{ds}{E\,I} = 0,$$

$$2 \int_0^l M_m \cdot x \, \frac{ds}{E\,I} + 2 \int_0^l \frac{M_0 + M_n}{2} (\alpha\,y - x) \, \frac{ds}{E\,I} -$$

$$- 2\cos(m\rho) \int_0^l \frac{M_0 - M_n}{2} \, x \, \frac{ds}{E\,I} = 0,$$

oder auch, nach Ausführung der Integrationen:

$$\Delta X_m - \alpha\,\Delta Y_m = -\cos(m\rho)\,[A_{yy} - \alpha\,\Omega'_{\partial y} + \Omega'_{\partial x}],$$
$$\Delta Y_m - \beta\,\Delta X_m = (B_{xx} - \gamma\,\Theta) + \cos(m\rho)\,[(A_{xx} - \Omega'_{\partial y}) + \beta\,\Omega'_{\partial x}].$$

Hieraus folgt:

$$46) \dots \quad \left| \begin{aligned} \Delta X_m &= + \alpha \left(\frac{B_{xx}}{\gamma} - \Theta \right) - \cos(m\rho)\,(C_x + \Omega'_{\partial x}), \\[2ex] \Delta Y_m &= \left(\frac{B_{xx}}{\gamma} - \Theta \right) - \cos(m\rho)\,(C_y + \Omega'_{\partial y}). \end{aligned} \right.$$

Somit durch Entwickelung für alle Werte $m = 1$ bis $m = n - 1$ und Summation:

$$47) \dots \quad \sum_{m=1}^{m=n-1} \Delta X_m \cdot \cos(m\rho) = \Omega'_{\partial x} = -\left(\frac{n}{2} - 1 \right)(C_x + \Omega'_{\partial x}),$$

$$\sum_{m=1}^{m=n-1} \Delta Y_m \cdot \cos(m\rho) = \Omega'_{\partial y} = -\left(\frac{n}{2} - 1 \right)(C_y + \Omega'_{\partial y}),$$

$$\sum_{m=1}^{m=n-1} \Delta Y_m = \Omega_{\partial y} = (n - 1) \left(\frac{B_{xx}}{\gamma} - \Theta \right).$$

Die Auflösung dieser Gleichungen liefert in Verbindung mit der Gleichung

$$\Theta = \sum_{i=a}^{i=r} O_i + \Omega_{\partial y}:$$

$$48) \dots \quad \left| \begin{aligned} \Omega'_{\partial x} &= -\left(1 - \frac{2}{n} \right) C_x, \quad \Omega'_{\partial y} = -\left(1 - \frac{2}{n} \right) C_y, \\[2ex] \Omega_{\partial y} &= \frac{n-1}{n} \left(\frac{B_{xx}}{\gamma} - \sum_{i=a}^{i=r} O_i \right). \end{aligned} \right.$$

In Betracht kommen für die letzte Elastizitätsbedingung

$$\int \frac{M}{E\,I} \cdot \frac{\partial M}{\partial S_{im}} \, ds = 0$$

nur die m^{ten} Nebenrippen und die Hauptrippen; die Versteifungsböden leisten als starre Scheiben keinen Beitrag zur Formänderungsarbeit. Man erhält:

$$\frac{\partial M_m}{\partial S_{im}} = \bar{M}_i, \quad \frac{\partial M_0}{\partial S_{im}} = Y_i\,(\alpha\,y - x) - \cos(m\,\rho)\,M_i,$$

$$\frac{\partial M_n}{\partial S_{im}} = \bar{Y}_i\,(\alpha\,y - x) + \cos(m\,\rho)\cdot\bar{M}_i$$

und daher:

$$2\int_0^l M_m\cdot\bar{M}_i\,\frac{ds}{E\,I} + 2\,\bar{Y}_i\int_0^l \frac{M_0 + M_n}{2}\,(\alpha\,y - x)\,\frac{ds}{E\,I} -$$

$$-\,2\cos(m\,\rho)\int_0^l \frac{M_0 - M_n}{2}\cdot\bar{M}_i\,\frac{ds}{E\,I} = 0.$$

Hieraus ergibt sich, wenn zur Abkürzung

$$49)\,\ldots\begin{cases}\dfrac{\displaystyle\int_0^l \frac{M_{00} - M_{0n}}{2}\cdot\bar{M}_i\,\frac{ds}{E\,I}}{\displaystyle\int_0^l (\bar{M}_i)^2\,\frac{ds}{E\,I}} = A_{ii},\quad \dfrac{\displaystyle\int_0^l \frac{M_{00} + M_{0n}}{2}\cdot x\,\frac{ds}{E\,I}}{\displaystyle\int_0^l (\bar{M}_i)^2\,\frac{ds}{E\,I}} = B_{xi},\\[3em]\dfrac{\displaystyle\int_0^l (\alpha\,y - x)^2\,\frac{ds}{E\,I}}{\displaystyle\int_0^l (\bar{M}_i)^2\,\frac{ds}{E\,I}} = \gamma_i\end{cases}$$

gesetzt wird:

$$50)\,\ldots\quad S_{im} = +\,Y_i\,(B_{xi} - \gamma_i\,\Theta) + \cos(m\,\rho)\,(A_{ii} - O_i').$$

Durch Ausdehnung dieser Formel auf alle Werte $m = 1$ bis $m = n - 1$ gelangt man zu folgenden Ausdrücken:

$$51)\,\ldots\quad \sum_{m=1}^{m=n-1} S_{im}\cdot\cos(m\,\rho) = O_i' = \left(\frac{n}{2} - 1\right)(A_{ii} - O_i'),$$

$$\sum_{m=1}^{m=n-1} S_{im}\cdot Y_i = O_i = (n-1)\,(\bar{Y}_i)^2\,(B_{xi} - \gamma_i\,\Theta),$$

$$\sum_{i=a}^{i=r} O_i = \Theta - \Omega_{\delta y} = (n-1)\left[\sum_{i=a}^{i=r} (\bar{Y}_i)^2\,B_{xi} - \Theta\sum_{i=a}^{i=r} (Y_i)^2\,\gamma_i\right].$$

Oder auch, in Übereinstimmung mit den Gl. 48):

$$51a)\dots\begin{cases} O'_i = \left(1 - \dfrac{2}{n}\right) A_{ii} \\[2em] \Theta = \dfrac{\displaystyle\sum_{i=a}^{i=r} (\bar{Y}_i)^2\, B_{xi} + \dfrac{B_{xx}}{\gamma}}{\dfrac{n}{n-1} + \displaystyle\sum_{i=a}^{i=r} (Y_i)^2 \gamma_i} \\[3em] O_i = (n-1)(\bar{Y}_i)^2 \left[B_{xi} - \gamma_i \dfrac{\displaystyle\sum_{i=a}^{i=r} (\bar{Y}_i)^2\, B_{xi} + \dfrac{B_{xx}}{\gamma}}{\dfrac{n}{n-1} + \displaystyle\sum_{i=a}^{i=r} (\bar{Y}_i)^2 \gamma_i} \right] \end{cases}$$

Mit Hilfe der Formeln 46) 48) 50) 51a) ist man ohne weiteres imstande, sowohl die einzelnen Widerstände ΔX_m, ΔY_m, S_{im} als auch die entsprechenden Summenausdrücke zu ermitteln. Die Untersuchung weist, wie wir sehen, in allen Teilen eine überraschende Einfachheit auf.

4. Ermittelung der Formänderungsbedingungen bei räumlicher Stützung.

Wir gehen nun zum allgemeinen Fall einer räumlichen Stützung über. Die Elastizitätsbedingungen lauten:

$$52^a)\dots\begin{cases} \displaystyle\int \frac{M}{EI} \cdot \frac{\partial M}{\partial \Delta X_m} \cdot ds = \int \frac{M}{EI} \cdot \frac{\partial M}{\partial \Delta Y_m} \cdot ds = \int \frac{M}{EI} \cdot \frac{\partial M}{\partial \Delta Z_m}\, ds + \\[1.5em] \qquad + \displaystyle\int \frac{\mathfrak{M}}{EI'} \cdot \frac{\partial \mathfrak{M}}{\partial \Delta Z_m} \cdot ds + \int \frac{W}{GI_p} \cdot \frac{\partial W}{\partial \Delta Z_m} = 0, \end{cases}$$

$$52^b)\dots\begin{cases} \displaystyle\int \frac{M}{EI} \cdot \frac{\partial M}{\partial S_{im}} \cdot ds = \int \frac{M}{EI} \cdot \frac{\partial M}{\partial T_{im}} \cdot ds + \int \frac{\mathfrak{M}}{EI'} \cdot \frac{\partial M}{\partial T_{im}}\, ds + \\[1.5em] \qquad\qquad\qquad \displaystyle\int \frac{W}{GI_p} \cdot \frac{\partial W}{\partial T_{im}} \cdot ds = 0. \end{cases}$$

Die drei ersten Gleichungen liefern wie die Gleichungen 7) 8) und 9):

$$-2 \int_0^l M_m \cdot y\, \frac{ds}{EI} + 2\cos(m\rho) \int_0^l \frac{M_0 - M_n}{2} \cdot y\, \frac{ds}{EI} = 0$$

$$+ 2 \int_0^l M_m \cdot x\, \frac{ds}{EI} + 2 \int_0^l \frac{(M_0 + M_n)}{2} (\alpha y - x)\, \frac{ds}{EI} -$$

$$- 2\cos(m\rho) \int_0^l \frac{M_0 - M_n}{2} \cdot x\, \frac{ds}{EI} = 0$$

$$+ 2 \int_0^1 \left(\frac{\mathfrak{M}_m \cdot u}{EI'} + \frac{W_m \cdot v}{GI_p} \right) ds + 2 \cdot \sin(m\rho) \int_0^1 \frac{M_o - M_n}{2} \cdot y \, \frac{ds}{EI} = 0,$$

oder, wenn zu den Bezeichnungen der Gl. 10) die neuen Bezeichnungen

$$53) \, \dots \begin{cases} \dfrac{\displaystyle\int_0^1 \mu_i \cdot x \, \dfrac{ds}{EI}}{\displaystyle\int_0^1 x^2 \dfrac{ds}{EI}} = \xi_i, \quad \dfrac{\displaystyle\int_0^1 \mu_i \cdot y \, \dfrac{ds}{EI}}{\displaystyle\int_0^1 y^2 \dfrac{ds}{EI}} = \eta_i, \quad A_{xx} - \sum_{i=a}^{i=r} R_i \, \xi_i = \Phi_x, \\[4ex] A_{yy} - \displaystyle\sum_{i=a}^{i=r} R_i \, \eta_i = \Phi_y, \quad \dfrac{\Phi_y - \alpha \, \Phi_x}{\gamma} = \Pi_x, \quad \dfrac{\beta \, \Phi_y - \Phi_x}{\gamma} = \Pi_y, \end{cases}$$

hinzugefügt werden:

$$\Delta X_m - \alpha \, \Delta Y_m = -\cos(m\rho) [\Phi_y - \alpha \, \Omega'_{\partial y} + (\Omega'_{\partial x} + \Omega'_{\partial z})],$$

$$\Delta Y_m - \beta \, \Delta X_m = (B_{xx} - \gamma \, \Theta) + \cos(m \, \rho) [\Phi_x - \Omega'_{\partial y} + \beta \, (\Omega'_{\partial x} + \Omega'_{\partial z})],$$

$$\Delta Z_m = -\psi \cdot \sin(m \, \rho) [\Phi_y - \alpha \, \Omega'_{\partial y} + (\Omega'_{\partial x} + \Omega'_{\partial z})].$$

Hieraus erhält man:

$$54) \, \dots \begin{cases} \Delta X_m = \alpha \left(\dfrac{B_{xx}}{\gamma} - \Theta \right) - \cos(m \, \rho) \, [\Pi_x + (\Omega'_{\partial x} + \Omega'_{\partial z})], \\[3ex] \Delta Y_m = \dfrac{B_{xx}}{\gamma} - \Theta - \cos(m\rho) \, (\Pi_y + \Omega'_{\partial y}) \\[3ex] \Delta Z_m = \psi \cdot \text{tang}(m\rho) \, (\Delta X_m - \alpha \, \Delta Y_m) \end{cases}$$

und somit durch Summation:

$$\sum_{m=1}^{m=n-1} \Delta X_m \cdot \cos(m\rho) = \Omega'_{\partial x} = -\left(\frac{n}{2} - 1 \right) [\Pi_x + (\Omega'_{\partial x} + \Omega'_{\partial z})];$$

$$\Omega_{\partial y} = \sum_{m=1}^{m=n-1} \Delta Y_m = (n-1) \left(\frac{B_{xx}}{\gamma} - \Theta \right);$$

$$\sum_{m=1}^{m=n-1} \Delta Y_m \cos(m\rho) = \Omega'_{\partial y} = -\left(\frac{n}{2} - 1 \right) (\Pi_y + \Omega'_{\partial y});$$

$$\sum_{m=1}^{m=n-1} \Delta Z_m \cdot \sin(m\rho) = \Omega'_{\partial z} = -\psi \cdot \frac{n}{2} [\Phi_y - \alpha \, \Omega'_{\partial y} + (\Omega'_{\partial x} + \Omega'_{\partial z})].$$

Die Auflösung dieser Gleichungen liefert:

$$
55) \ldots \left\{
\begin{aligned}
&\Omega_{\delta y} = \frac{n-1}{n}\left(\frac{B_{xx}}{\gamma} - \sum_{i=a}^{i=r} O_i\right), \\[2ex]
&\Omega'_{\delta y} = -\left(1 - \frac{2}{n}\right)\Pi_y = -\left(1 - \frac{2}{n}\right)\left(C_y - \sum_{i=a}^{i=r} R_i \cdot \pi_{iy}\right), \\[2ex]
&\Omega'_{\delta x} + \Omega'_{\delta z} = -\frac{1 - \dfrac{2}{n}}{1 + \psi}\left\{\left[C_x + \alpha\,\psi\,C_y + \frac{\psi\,A_{yy}}{1 - \dfrac{2}{n}}\right] - \right. \\[2ex]
&\qquad\qquad \left. - \sum_{i=a}^{i=r} R_i\left[\pi_{ix} + \alpha\,\pi_{iy} + \frac{\psi}{1 - \dfrac{2}{n}}\cdot\eta_i\right]\right\}, \\[2ex]
&\text{wobei} \quad \pi_{ix} = \frac{\eta_i - \alpha\,\xi_i}{\gamma}, \quad \pi_{iy} = \frac{\beta\,\eta_i - \xi_i}{\gamma}.
\end{aligned}
\right.
$$

Die Elastizitätsbedingung

$$
\int \frac{M}{EI}\frac{\partial M}{\partial S_{im}} \cdot ds = 0
$$

läßt sich wie vorhin in der Form

$$
2\int M_m \cdot \bar{M}_i \frac{ds}{EI} + 2\,\bar{Y}_i \int \frac{M_o + M_n}{2}(\alpha\,y - x)\frac{ds}{EI} -
$$

$$
- 2\cos(m\rho)\int_0^l \frac{M_o - M_n}{2}\cdot\bar{M}_i\frac{ds}{EI} = 0
$$

schreiben. Ihre Entwickelung führt mit den Hilfsbezeichnungen

$$
56) \ldots \left\{
\begin{aligned}
&\frac{\displaystyle\int_0^l \bar{M}_i\,\mu_k \cdot \frac{ds}{EI}}{\displaystyle\int_0^l (\bar{M}_i)^2\,\frac{ds}{EI}} = \omega_{ik}, \quad A_{ii} - \sum_{k=a}^{k=r} R_k \cdot \omega_{ik} = \Phi_i
\end{aligned}
\right.
$$

zu folgender Beziehung:

$$
57) \ldots \quad S_{im} = \bar{Y}_i(B_{xi} - \gamma_i\,\Theta) + \cos(m\,\rho)(\Phi_i - O'_i)
$$

Es ist mithin:

$$58) \ldots \begin{cases} \sum_{m=1}^{m=n-1} S_{im} \cdot \cos(m\rho) = O'_i = \left(\frac{n}{2} - 1\right)(\Phi_i - O'_i), \\[2ex] \sum_{m=1}^{m=n-1} S_{im} \cdot \bar{Y}_i = O_i = (n-1)(\bar{Y}_i)^2 (B_{xi} - \gamma_i \Theta), \\[2ex] \sum_{i=a}^{i=r} O_i = \Theta - \Omega_{\partial y} = (n-1)\left[\sum_{i=a}^{i=r}(Y_i)^2 B_{xi} - \Theta \sum_{i=a}^{i=r}(\bar{Y}_i)^2 \gamma_i\right], \end{cases}$$

und daher auch:

$$58^a) \ldots \begin{cases} O'_i = \left(1 - \dfrac{2}{n}\right)\Phi_i, \\[3ex] \Theta = \dfrac{\displaystyle\sum_{i=a}^{i=r}(\bar{Y}_i)^2 B_{xi} + \dfrac{B_{xx}}{\gamma}}{\dfrac{n}{n-1} + \displaystyle\sum_{i=a}^{i=r}(\bar{Y}_i)^2 \gamma_i} \\[5ex] O_i = \dfrac{n-1}{n}(\bar{Y}_i)^2 \left[B_{xi} - \gamma_i \dfrac{\displaystyle\sum_{i=a}^{i=r}(Y_i)^2 B_{xi} + \dfrac{B_{xx}}{\gamma}}{\dfrac{n}{n-1} + \displaystyle\sum_{i=a}^{i=r}(\bar{Y}_i)^2 \gamma_i}\right]. \end{cases}$$

Wie die bisherigen Entwickelungen zeigen, lassen sich alle Größen ΔX_m, ΔY_m, ΔZ_m und S_{im} nebst den zugehörigen Summen als Funktionen der Gruppen R_i darstellen. Um diese Größen selbst zu bestimmen, benutzen wir jetzt die letzte Elastizittäsbedingung:

$$\int \frac{M_m}{EI} \cdot \frac{\delta M}{\delta T_{im}}\, ds + \int \frac{\mathfrak{M}}{EI'} \cdot \frac{\delta \mathfrak{M}}{\delta T_{im}}\, ds + \int \frac{W}{G I_p} \cdot \frac{\delta \mathfrak{M}}{\delta T_{im}} \cdot ds = 0$$

Ihre Entwickelung liefert, wenn man beachtet, daß für die m^{ten} Nebenrippen

$$\frac{\delta \mathfrak{M}_m}{\delta T_{im}} = \mathfrak{M}_i, \quad \frac{\delta W_m}{\delta T_{im}} = W_i,$$

und für die Hauptrippen

$$\frac{\delta M_0}{\delta T_{im}} = -\frac{\delta M_n}{\delta T_{im}} = -\mu_i \cdot \sin(m\rho)$$

ist:

$$2T_{im}\int_0^1 \left[\frac{(\mathfrak{M}_i)^2}{EI'} + \frac{(W_i)^2}{G I_p}\right] ds - 2\sin(m\rho)\left\{\int_0^1 \frac{M_{00} - M_{0n}}{2} \cdot \mu_i \frac{ds}{EI} + (\Omega'_{\partial x} + \Omega'_{\partial z})\right.$$

$$\left.\int_0^1 \mu_i \cdot y \frac{ds}{EI} - \Omega'_{\partial y}\int_0^1 \mu_i x \frac{ds}{EI} - \sum_{k=a}^{k=r} O'_i \int_0^1 \mu_i \cdot \bar{M}_k \cdot \frac{ds}{EI} - \sum_{k=a}^{k=r} R_k \int_0^1 \mu_i \cdot \mu_k \cdot \frac{ds}{EI}\right\} = 0.$$

Schreiben wir zur Abkürzung

$$59) \ldots \begin{cases} \dfrac{\displaystyle\int_0^1 (M_{00} - M_{0n})\,\mu_i \cdot \dfrac{ds}{EI}}{2\displaystyle\int_0^1 y^2 \dfrac{ds}{EI}} = D_i, \qquad \dfrac{\displaystyle\int_0^1 (M_i)^2 \dfrac{ds}{EI}}{\displaystyle\int_0^1 y^2 \dfrac{ds}{EI}} = \nu_i, \\[4ex] \dfrac{\displaystyle\int_0^1 \mu_i \mu_k \cdot \dfrac{ds}{EI}}{\displaystyle\int_0^1 y^2 \dfrac{ds}{EI}} = \zeta_{ik}, \qquad \dfrac{\displaystyle\int_0^1 y^2 \dfrac{ds}{EI}}{\displaystyle\int_0^1 \left[\dfrac{(\overline{\mathfrak{M}}_i)^2}{EI'} + \dfrac{(\overline{W}_i)^2}{GI_p} \right] ds} = \psi_i, \end{cases}$$

so erhalten wir auch:

$$60) \ldots \begin{cases} T_{mi} = \psi_i \cdot \sin(m\rho)\left[D_i + \eta_i(\Omega'_{\partial x} + \Omega'_{\partial z}) - \dfrac{\alpha}{\beta}\cdot\xi_i\,\Omega'_{\partial y} - \right. \\[2ex] \left. \qquad\qquad\qquad - \nu_i \sum_{k=a}^{k=r} O'_i\,\omega_{ki} - \sum_{k=a}^{k=r} R_k \cdot \zeta_{ki} \right], \end{cases}$$

$$61) \ldots \begin{cases} \sum_{m=1}^{m=n-1} T_{mi} \cdot \sin(m\rho) = \psi_i\,\dfrac{n}{2}\left[D_i + \eta_i(\Omega'_{\partial x} + \Omega'_{\partial z}) - \dfrac{\alpha}{\beta}\xi_i\,\Omega'_{\partial y} - \right. \\[2ex] \left. \qquad\qquad - \nu_i \sum_{k=a}^{k=r} O'_i\,\omega_{ki} - \sum_{k=a}^{k=r} R_k \cdot \zeta_{ki} \right] = R_i. \end{cases}$$

In diesen Formeln ersetzen wir die Werte O' und Ω' durch die rechten Glieder der Gleichungen 55 und 58a. Es ergibt sich:

$$\frac{2}{n\psi_i} R_i = D_i - \eta_i \frac{\left(1 - \dfrac{2}{n}\right)}{1+\psi}\left[C_x + \alpha\psi\,C_y + \frac{\psi \cdot A_{yy}}{1 - \dfrac{2}{n}} - \sum_{k=a}^{k=r} R_k \left(\pi_{kx} + \alpha\pi_{ky} + \right. \right.$$

$$\left. \left. + \frac{\psi \cdot \eta_k}{1 - \dfrac{2}{n}} \right) \right] + \frac{\alpha}{\beta}\cdot\xi_i\left(1 - \frac{2}{n}\right)\left(C_y - \sum_{k=a}^{k=r} R_k \cdot \pi_{ky} \right) -$$

$$- \left(1 - \frac{2}{n}\right)\nu_i\left[\sum_{k=a}^{k=r} A_{kk}\cdot\omega_{ki} - \sum_{k=a}^{k=r} R_k \sum_{p=a}^{p=r} \omega_{kp}\cdot\omega_{pi} \right] - \sum_{k=a}^{k=r} R_k \cdot \zeta_{ki}.$$

Fassen wir alle zueinandergehörigen Werte R zusammen und setzen wir

$$59\text{a}) \ldots \quad \frac{n}{n-2}\zeta_{ik} + \frac{\alpha}{\beta}\cdot\xi_i\cdot\pi_{ky} - \frac{\eta_i}{1+\psi}\left[\pi_{kx} + \alpha\,\pi_{ky} + \psi\cdot\frac{\eta_k}{1-\dfrac{2}{n}}\right] -$$

$$- \nu_i\sum_{p=a}^{p=r}\omega_{kp}\cdot\omega_{pi} = \delta_{ki},$$

so erhalten wir schließlich:

$$60) \ldots \quad R_a\cdot\delta_{ai} + R_b\cdot\delta_{bi} + R_c\cdot\delta_{ci} + \ldots + R_i\left[\delta_{ii} + \frac{1}{\psi_i}\cdot\frac{1}{\dfrac{n}{2}-1}\right] + \cdot$$

$$+ R_r\cdot\delta_{ri} = \frac{D_i}{1-\dfrac{2}{n}} - \frac{\eta_i}{1+\psi}\left[C_x + \alpha\,\psi\,C_y + \psi\,\frac{A_{yy}}{1-\dfrac{2}{n}}\right] +$$

$$+ \frac{\alpha}{\beta}\cdot\xi_i C_y - \nu_i\sum_{k=a}^{k=r}A_{kk}\cdot\omega_{ki}.$$

Die rechte Seite dieser Gleichung enthält bekannte, ausschließlich von den Belastungsgliedern abhängige Größen, in der linken sind nur die r Werte R vorhanden. Stellt man r solche Gleichungen für $i = a$ bis $i = r$ auf, so kann man alle Werte R ermitteln, und aus desselben der Reihe nach die Größen Φ, O', Ω', ΔX, ΔY, ΔZ, S und T ableiten. Hiermit ist dann die Aufgabe gelöst.

Die umfangreichen Umformungen, die zur Durchführung der Untersuchung erforderlich waren, dürften vielleicht zunächst langwierig erscheinen. Ihre Zweckmäßigkeit wird jedoch erwiesen, wenn man einerseits den Grad der statischen Unbestimmtheit und andererseits die Anzahl der aufzulösenden Endgleichungen gegenüberstellt. Bei einem 32 rippigen Fachwerk mit vier Zwischenringen kommen beispielsweise im allgemeinen $32\,(3 + 4\cdot 2) = 352$ oder mit Rücksicht auf die Symmetrie $\left(\dfrac{32}{2} + 1\right)(3 + 4\cdot 2) = 187$ statisch unbestimmte Größen in Betracht; das lineare Gleichungssystem, zu dem unser Verfahren führt, enthält nur vier Gleichungen mit vier Unbekannten. Der zu seiner Auflösung benötigte Arbeitsaufwand darf jedenfalls, angesichts der ungewöhnlichen Schwierigkeit der Aufgabe, als verhältnismäßig sehr gering bezeichnet werden.

5. Bemerkenswerter Sonderfall.

Die Untersuchung gestaltet sich einfacher, wenn die Querschnittsverhältnisse und die Rippenmittellinie derartig gewählt werden, daß die Bedingung

$$\frac{\int M_i \cdot \dfrac{ds}{EI}}{\int M_k \cdot \dfrac{ds}{EI}} = \frac{\int \mathfrak{M}_i \cdot \dfrac{ds}{EI'} + \int W_i \cdot \dfrac{ds}{GI_p}}{\int \mathfrak{M}_k \cdot \dfrac{ds}{EI'} + \int W_k \cdot \dfrac{ds}{GI_p}}$$

erfüllt wird, ein Fall, der besonders bei geraden Rippen und flachen Kuppeln in Erwägung kommen kann. Es ist dann meistens auch:

$$\frac{\int \overline{M}_i \cdot M_k \cdot \dfrac{ds}{EI'}}{\int (\overline{M}_i)^2 \dfrac{ds}{EI}} = \frac{\int \overline{\mathfrak{M}}_i \cdot \mathfrak{M}_k \dfrac{ds}{EI'} + \int \overline{W}_i \cdot W_k \dfrac{ds}{GI_p}}{\int (\overline{\mathfrak{M}}_i)^2 \dfrac{ds}{EI'} + \int (\overline{W}_i)^2 \dfrac{ds}{GI_p}}$$

und daher:

$$\varepsilon_{ik} = \varkappa_{ik}, \quad \vartheta_{ik} = \lambda_{ik}.$$

Mithin:

$$\mu_a = \lambda_{aa} \cdot y_a - y \overline{Z}_a = \lambda_{aa}(y_a + x \overline{Y}_a - y \overline{X}_a) - [x \overline{Y}_a + y (\overline{Z}_a - \overline{X}_a)] =$$
$$= \overline{M}_a - [x \overline{Y}_a + y (\overline{Z}_a - \overline{X}_a)],$$

$$\mu_b = \lambda_{ab} \cdot y_a + \lambda_{bb} \cdot y_b - y \overline{Z}_b = \overline{M}_b - [x \overline{Y}_b + y (\overline{Z}_b - \overline{X}_b)],$$

$$\cdots \cdots \cdots \cdots \cdots \cdots \cdots \cdots \cdots \cdots \cdots$$

$$\mu_k = \overline{M}_k - [x \overline{Y}_k + y (\overline{Z}_k - \overline{X}_k)],$$

$$\sum_{i=a}^{i=r} R_i \cdot \mu_i = \sum_{i=a}^{i=r} R_i \cdot \overline{M}_i - x \sum_{i=a}^{i=r} R_i \cdot \overline{Y}_i + y \sum_{i=a}^{i=r} R_i (\overline{X}_i - Z_i).$$

Dementsprechend lauten nun die Gleichungen der Hauptrippen in Übereinstimmung mit den Gl. 43:

$$61) \ldots \quad \begin{cases} M_{0_n} = M_{00_n} + (\alpha\, y - x)\, \Theta \pm y \left[\Omega'_{\partial x} + \Omega'_{\partial z} - \sum_{i=a}^{i=r} R_i (\overline{X}_i - \overline{Z}_i) \right] \mp \\[2ex] \mp x \left[\Omega'_{\partial y} - \sum_{i=a}^{i=r} R_i \cdot \overline{Y}_i \right] \mp \sum_{i=a}^{i=r} \overline{M}_i (O'_i + R_i). \end{cases}$$

Die Elastizitätsgleichungen 52a) liefern nun:

$$62) \ldots \quad \begin{cases} \Delta X_m = \alpha \left(\dfrac{B_{xx}}{\gamma} - \Theta \right) - \cos (m\, \rho) \left[C_x + \Omega'_{\partial x} + \Omega'_{\partial z} - \right. \\[2ex] \left. - \sum_{i=a}^{i=r} R_i (\overline{X}_i - \overline{Z}_i) \right], \end{cases}$$

$$\Delta Y_m = \left(\frac{B_{xx}}{\gamma} - \Theta\right) - \cos(m\rho)\left[C_y + \Omega'_{\partial y} - \sum_{i=a}^{i=r} R_i \cdot Y_i\right],$$

$$\Delta \bar{Z}_m = -\psi \cdot \sin(m\rho)\left[A_{yy} + \Omega'_{\partial x} + \Omega'_{\partial z} - \sum_{i=a}^{i=r} R_i (X_i - \bar{Z}_i) - \right.$$

$$\left. - \alpha \Omega'_{\partial y} + \alpha \sum_{i=a}^{i=r} R_i \cdot \bar{Y}_i\right].$$

Hieraus folgt durch Summation:

$$63) \ldots \quad \Omega_{\partial y} = (n-1)\left(\frac{B_{xx}}{\gamma} - \Theta\right), \quad \Omega'_{\partial y} = -\left(1 - \frac{2}{n}\right)\left[C_y - \sum_{i=a}^{i=r} R_i \cdot Y_i\right],$$

$$\Omega'_{\partial x} + \Omega'_{\partial z} = -\frac{1 - \dfrac{2}{n}}{1 + \psi}\left\{C_x + \alpha\psi C_y + \psi\frac{A_{yy}}{1 - \dfrac{2}{n}} + \right.$$

$$\left. + \frac{\alpha\psi \displaystyle\sum_{i=a}^{i=r} R_i \cdot Y_i}{\dfrac{n}{2} - 1} - \left(1 + \frac{\psi}{1 - \dfrac{2}{n}}\right)\sum_{i=a}^{i=r} R_i (\bar{X}_i - \bar{Z}_i)\right\}.$$

Die Elastizitätsbedingung

$$\int \frac{M}{EI} \cdot \frac{\partial M}{\partial S_{im}} \cdot ds = 2\int_0^l M_m \cdot \bar{M}_i \frac{ds}{EI} + 2 Y_i \int_0^l \frac{(M_0 + M_n)}{2}(\alpha y - x)\frac{ds}{EI} - $$

$$- 2\cos(m\rho)\int_0^l \frac{(M_0 - M_n)}{2}\bar{M}_i\frac{ds}{EI} = 0$$

geht über in:

$$64) \ldots \quad S_{im} = Y_i(B_{xi} - \gamma_i\Theta) + \cos(m\rho)[A_{ii} - (O'_i + R_i)].$$

Mithin:

$$65) \ldots \quad \sum_{m=1}^{m=n-1} S_{im} \cdot \cos(m\rho) = O'_i = \left(1 - \frac{2}{n}\right)(A_{ii} - R_i),$$

$$\sum_{m=1}^{m=n-1} S_{im} \cdot Y_i = O_i = (n-1)(\bar{Y}_i)^2(B_{xi} - \gamma_i\Theta),$$

$$\sum_{i=a}^{i=r} O_i = \Theta - \Omega_{\partial y} = (n-1)\left[\sum_{i=a}^{i=r}(\bar{Y}_i)^2 B_{xi} - \Theta\sum_{i=a}^{i=r}(Y_i)^2\gamma_i\right]$$

$$\Theta = \frac{\displaystyle\sum_{i=a}^{i=r}(\bar{Y}_i)^2 B_{xi} + \frac{B_{xx}}{\gamma}}{\dfrac{n}{n-1} + \displaystyle\sum_{i=a}^{i=r}(\bar{Y}_i)^2\gamma_i}.$$

Die Elastizitätsgleichung

$$\int \frac{M}{E\,I} \cdot \frac{\partial M}{\partial T_{im}} \cdot ds + \int \frac{\mathfrak{M}}{E\,I'} \cdot \frac{\partial \mathfrak{M}}{\partial T_{im}} \cdot ds + \int \frac{W}{G\,I_p} \cdot \frac{\partial W}{\partial T_{im}}\,ds = 0$$

läßt sich folgendermaßen umgestalten:

$$2\int_0^1 \frac{\mathfrak{M}_m}{E\,I'} \cdot \overline{\mathfrak{M}}_i \cdot ds + 2\int_0^1 \frac{W_m}{G\,I_p} \cdot W_i\,ds +$$

$$+ 2\int_0^1 \frac{M_0 - M_n}{2}\,[x\,\overline{Y}_i - y\,(\overline{X}_i - \overline{Z}_i)]\,\frac{ds}{E\,I} \cdot \sin(m\,\rho) = 0.$$

Nach Vollziehung der Integration ergibt sich:

$$\frac{1}{\psi_i}\,T_{im} + \frac{\alpha}{\beta} \cdot \frac{\gamma}{\gamma_i} \cdot \sin(m\,\rho)\,(O_i' + R_i) = \sin(m\,\rho)\left\{ B_{xi} \cdot \frac{\alpha}{\beta}\,\frac{\gamma}{\gamma_i} + \right.$$

$$+ (\overline{X}_i - \overline{Z}_i)\left[A_{yy} + \Omega_{\partial x}' + \Omega_{\partial z}' - \sum_{i=a}^{i=r} R_i\,(\overline{X}_i - \overline{Z}_i) - \right.$$

$$\left. - \alpha\left(\left(\Omega_{\partial y}' - \sum_{i=a}^{i=r} R_i \cdot Y_i\right)\right)\right] - \frac{\alpha}{\beta} \cdot Y_i\left[A_{xx} + \beta\,(\Omega_{\partial x}' + \Omega_{\partial z}') - \right.$$

$$\left.\left. - \beta \sum_{i=a}^{i=r} R_i\,(\overline{X}_i - \overline{Z}_i) - \left(\Omega_{\partial y}' - \sum_{i=a}^{i=r} R_i\,\overline{Y}_i\right)\right]\right\}.$$

Ersetzt man in dieser Gleichung die Werte O' und Ω' durch die rechten Glieder der Gleichungen 63 und 65, so gelangt man zu folgender Beziehung:

$$66)\ \ldots\ \left\{ \begin{aligned} &\frac{1}{\psi_i}\,T_{im} + \frac{\alpha}{\beta} \cdot \frac{\gamma}{\gamma_i} \cdot \sin(m\,\rho) \cdot \frac{2}{n}\,R_i = - \\[2ex] &- \frac{\frac{2}{n}}{1+\psi} \cdot \sin(m\,\rho)\left\{ \frac{\alpha}{\beta} \cdot \frac{\gamma}{\gamma_i}\,(1+\psi)\left[\left(\frac{n}{2} - 1\right) A_{ii} - \frac{n}{2}\,B_{xi}\right] + \right. \\[2ex] &\quad + (X_i - \overline{Z}_i)\,A_{yy} + \frac{\alpha}{\beta}\,\overline{Y}_i\,(A_{xx} - \gamma\,\psi\,C_y) + \\[2ex] &\quad + \alpha\left[(\overline{X}_i - \overline{Z}_i) + \frac{1 + \gamma\,\psi}{\beta} \cdot \overline{Y}_i\right]\sum_{i=a}^{i=r} R_i\,Y_i - \\[2ex] &\quad \left. - [(X_i - \overline{Z}_i) + \alpha\,Y_i]\sum_{i=a}^{i=r} R_i\,(\overline{X}_i - \overline{Z}_i)\right\}. \end{aligned} \right.$$

Schreibt man zur Abkürzung

$$\frac{1}{1+\psi}\left\{\frac{\alpha}{\beta}\cdot\frac{\gamma}{\gamma_i}\,(1+\psi)\left[\frac{n}{2}\,B_{xi}-\left(\frac{n}{2}-1\right)A_{ii}\right]-(X_i-Z_i)\,A_{yy}+\right.$$

$$\left.+\frac{\alpha}{\beta}\,Y_i\,(\gamma\,\psi\,C_y-A_{xx})\right\}\ \frac{\psi_i}{1+\psi_i\dfrac{\alpha}{\beta}\cdot\dfrac{\gamma}{\gamma_i}}=\Xi_i,$$

$$\alpha\left[(X_i-Z_i)+\frac{1+\gamma\,\psi}{\beta}\cdot Y_i\right]\ \frac{\psi_i}{1+\psi_i\cdot\dfrac{\alpha}{\beta}\cdot\dfrac{\gamma}{\gamma_i}}=\sigma_i,$$

$$[(X_i-Z_i)+\alpha\,Y_i]\ \frac{\psi_i}{1+\psi_i\cdot\dfrac{\alpha}{\beta}\cdot\dfrac{\gamma}{\gamma_i}}=\tau_i,$$

so erhält man durch Summation:

$$\frac{1}{\psi_i}\sum_{m=1}^{m=n-1}T_{im}\cdot\sin m\,\rho=\frac{1}{\psi_i}\,R_i=-\frac{\alpha}{\beta}\cdot\frac{\gamma}{\gamma_i}\,R_i+\frac{1+\psi_i\cdot\dfrac{\alpha}{\beta}\cdot\dfrac{\gamma}{\gamma_i}}{\psi_i}$$

$$\left[\Xi_i-\sigma_i\cdot\sum_{i=a}^{i=r}R_i\,Y_i+\tau_i\sum_{i=a}^{i=r}R_i\,(X_i-Z_i)\right],$$

oder:

$$67)\ \ldots\quad R_i=\Xi_i-\sigma_i\sum_{i=a}^{i=r}R_i\,Y_i+\tau_i\sum_{i=a}^{i=r}R_i\,(X_i-Z_i).$$

Hieraus folgt schließlich:

$$68)\ \ldots\quad \sum_{i=a}^{i=r}R_i\,Y_i=\sum_{i=a}^{i=r}\Xi_i\,Y_i-\sum_{i=a}^{i=r}R_i\,Y_i\cdot\sum_{i=a}^{i=r}\sigma_i\,Y_i+$$

$$+\sum_{i=a}^{i=r}R_i\,(X_i-Z_i)\sum_{i=a}^{i=r}\tau_i\,Y_i,$$

$$\sum_{i=a}^{i=r}R_i\,(X_i-Z_i)=\sum_{i=a}^{i=r}\Xi_i\,(X_i-Z_i)-\sum_{i=a}^{i=r}R_i\,Y_i\sum_{i=a}^{i=r}\sigma_i\,(X_i-Z_i)+$$

$$+\sum_{i=a}^{i=r}R_i\,(X_i-Z_i)\sum_{i=a}^{i=r}\tau_i\,(X_i-Z_i).$$

Diese drei letzten Gleichungen liefern die Ausdrücke

$$\sum_{i=a}^{i=r}R_i,\quad \sum_{i=a}^{i=r}R_i\,(X_i-Z_i),\quad \sum_{i=a}^{i=r}R_i\,Y_i,$$

und es ist daher möglich, auf Grund der Gleichungen 62), 63), 64), 65) und 66) alle Widerstände ΔX_m, ΔY_m, ΔZ_m, S_{im} und T_{im} zu bestimmen.

Die Rippenkuppel mit elastischen Zwischenringen.

Die Forderung einer völligen Freihaltung des durch die Kuppeloberfläche begrenzten lichten Raumes, wird sehr häufig aus konstruktiven und ästhetischen Gründen zugleich gestellt. Es müssen dann alle Versteifungsglieder in die Mantelfläche verlegt werden, und statt der infolge ihrer Gliederung außerordentlich wirksamen Querböden werden elastische Zwischenringe eingeschaltet. Die Verbindung der letzteren mit dem Gerippe kann entweder eine starre oder eine gelenkartige sein.

Die Anordung eines biegungs- und verwindungsfesten Anschlusses ist im allgemeinen insofern zweckmäßig, als tangentiale Lastangriffe in Betracht kommen. Zwei benachbarte Rippen bilden in diesem Falle mit dem entsprechenden Ringabschnitt einen ebenen oder räumlichen Rahmenträger, dessen Mittellinie durch die Kraftebene berührt wird und sich daher zur Lastaufnahme besonders eignet. Für die meisten Raumfachwerke sind aber die in der Rippenebene wirkenden Lastangriffe maßgebend, und es ist für die Widerstandsfähigkeit des Tragwerkes in erster Linie wichtig, daß die Rippen als durchgehende Stabzüge ausgebildet werden, während es unter Umständen vorteilhafter sein kann, die Zwischenringe als gelenkige Stabzüge zu gestalten. Eine starre Verbindung aller Fachwerkstäbe ist nämlich aus dem Grunde wenig empfehlenswert, weil es nicht leicht möglich ist, selbst wenn die in den Stabsquerschnitten auftretenden Spannkräfte bekannt sind, die Spannungsverteilung in den Knoten mit hinreichender Genauigkeit zu verfolgen. Bei einem gelenkigen Anschluß der Ringe hingegen erscheint die Kräfteübertragung durchaus klar und einfach, und dieser Vorzug ist so bedeutend, daß es sehr häufig zweckmäßig sein dürfte, die Ringe gelenkig mit den Rippen zu verbinden, umsomehr als sich eine solche Verbindung konstruktiv ohne Schwierigkeiten einwandfrei herstellen läßt.

1. Untersuchung kettenartiger Zwischenringe.

Eine besonders günstige Kräfteverteilung wird erzielt, wenn die Ringe sowohl aneinander als an das Gerippe gelenkartig angeschlossen sind, und zwar derartig, daß sie einen Widerstand nur in radialer Richtung ausüben (Abb. 23).

Die Ringe bilden dann gewissermaßen eine geschlossene Kette, welche durch die Kuppel versteift wird. Damit diese Kette im Gleichgewicht bleibt, müssen in allen Knoten die gleichen Kräfte K_i wirken.

Betrachtet man die Kuppel ohne Zwischenringe als Hauptsystem, so werden in demselben durch die zyklisch symmetrische Belastung (K_i) Auflagerwiderstände $X^{(i)}$ und Momente

$$M^{(i)} = y_i K_i - y X^{(i)}$$

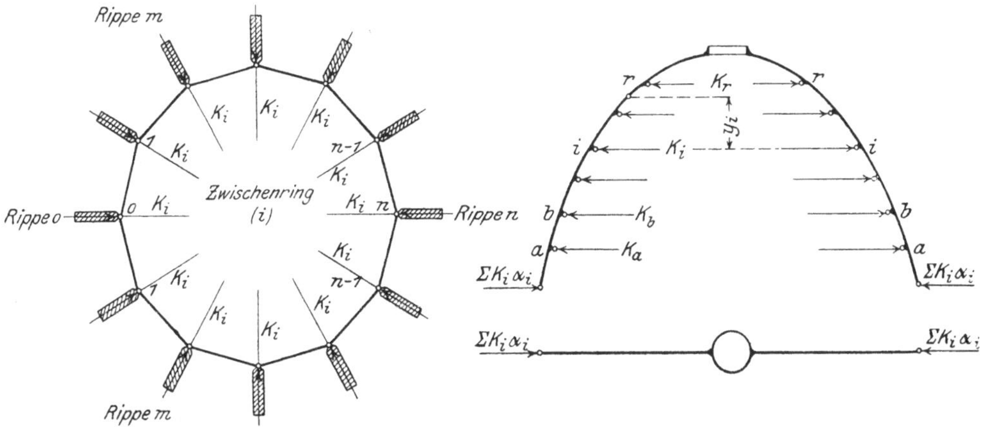

Abb. 23.

hervorgerufen[1]). Da für alle Rippen die Bedingung

$$\int_0^i M^{(i)} y \frac{ds}{EI} = 0$$

erfüllt sein muß, so ergibt sich

$$X^{(i)} = \alpha_i K_i$$

und daher

$$M_i = K_i (y_i - \alpha_i y).$$

Unter der Einwirkung aller Ringwiderstände K_i entstehen somit die Stützkräfte

$$X = \sum_{i=a}^{i=r} \alpha_i K_i,$$

und die Momente

$$M = \sum_{i=a}^{i=r} K_i (y_i - \alpha_i y).$$

---

[1]) Infolge der gleichmäßigen Verteilung der Ringwiderstände erfährt der Kopfring keine wagerechte Verschiebung: es entstehen daher keine Tangentialschübe und mithin auch keine Querbiegungs- und Verwindungsmomente.

Fügen wir zu diesen Größen diejenigen Kräfte $X^{(0)}$ und Momente $M^{(0)}$, welche der äußeren Belastung des Hauptsystems entsprechen, hinzu, so wird der endgültige Spannungszustand des Gerippes durch die Gleichungen:

$$69) \ldots \quad \begin{cases} X_m = X_m^{(0)} + \sum_{i=a}^{i=r} \alpha_i K_i, \quad Y_m = Y_m^{(0)}, \quad Z_m = Z_m^{(0)}, \\[2ex] M_m = M_m^{(0)} + \sum_{i=a}^{i=r} K_i (y_i - \alpha_i y), \quad \mathfrak{M}_m = \mathfrak{M}_m^{(0)}, \quad W_m = W_m^{(0)} \end{cases}$$

gekennzeichnet. Die Werte $X_m^{(0)}$, $Y_m^{(0)}$, $Z_m^{(0)}$, $M_m^{(0)}$, $\mathfrak{M}_m^{(0)}$, $W_m^{(0)}$ sind hierbei mit den im ersten Abschnitt ermittelten Werten X_m, Y_m, Z_m, M_m, $\mathfrak{M}_m$ und W_m identisch und sind daher als bekannte Größen zu betrachten.

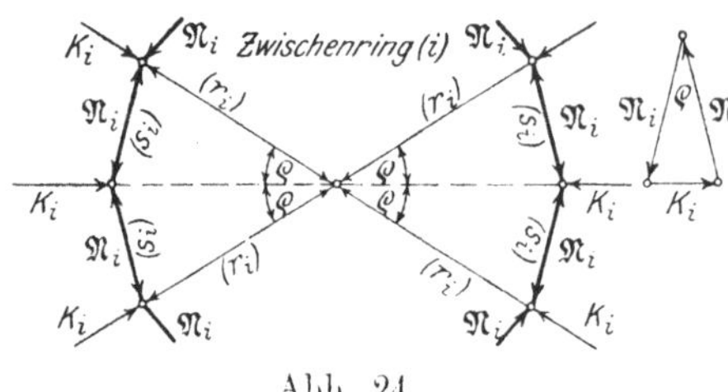

Abb. 24.

Die Kräfte K_i rufen in den Zwischenringen Achsialkräfte

$$\mathfrak{N}_i = \frac{1}{2} \frac{K_i}{\sin \varrho/2}$$

hervor (Abb. 24).

Zur Bestimmung der Ringwiderstände stehen r Elastizitätsbedingungen in der Form

$$70) \ldots \quad \int \frac{M}{EI} \cdot \frac{\partial M}{\partial K_i} \, ds + \int \frac{\mathfrak{N}_i}{E F_i} \frac{\partial \mathfrak{N}_i}{\partial K_i} \, ds = 0$$

zur Verfügung: unter F_i ist hierbei der Querschnitt des i^{ten} Zwischenringes zu verstehen.

Das Gerippe liefert zu diesen Gleichungen folgenden Beitrag:

$$\int \frac{M}{EI} \cdot \frac{\partial M}{\partial K_i} \, ds = 2 \int (y_i - \alpha_i y) \left[\frac{M_0 + M_n}{2} + \sum_{m=1}^{m=n-1} M_m \right] \frac{ds}{EI} \cdot$$

Es ist nun

$$\frac{M_0 + M_n}{2} + \sum_{m-1}^{m=n-1} M_m = \frac{M_0^{(0)} + M_n^{(0)}}{2} + \sum_{m=1}^{m=n-1} M_m^{(0)} + n \sum_{i=a}^{i=r} K_i (y_i - \alpha_i y),$$

oder nach Gl. 1) und 6):

$$\frac{M_0 + M_n}{2} + \sum_{m=1}^{m=n-1} M_m = \frac{M_{00} + M_{0n}}{2} + (\alpha y - x) \sum_{m=1}^{m=n-1} Y_m^{(0)} + x \sum_{m=1}^{m=n-1} Y_m^{(0)} -$$

$$- y \sum_{m=1}^{m=n-1} X_m^{(0)} + n \sum_{i=a}^{i=r} K_i (y_i - \alpha_i y),$$

Andererseits ergibt sich nach Gl. 11

$$\sum_{m=1}^{m=n-1} X_m^{(0)} = \frac{n-1}{n} \cdot \alpha \, \frac{B_{xx}}{\gamma} = \alpha \sum_{m=1}^{m=n-1} Y_m^{(0)}.$$

Mithin:

$$\frac{M_o + M_n}{2} + \sum_{m=1}^{m=n-1} M_m = \frac{M_{00} + M_{0n}}{2} + n \sum_{i=a}^{i=r} K_i (y_i - \alpha_i y)$$

Beachtet man, daß die Gleichung

$$\int_0^l \left[\frac{M_{00} + M_{0n}}{2} + n \sum_{i=a}^{i=r} K_i (y_i - \alpha_i y) \right] y \, \frac{ds}{EI} = 0$$

von vornherein befriedigt ist, so erhält man:

$$71) \dots \left\{ \begin{aligned} \int \frac{M}{EI} \cdot \frac{\partial M}{\partial K_i} \cdot ds = + 2\,n &\left\{ \frac{1}{n} \int_{y=y_i}^{y=f} \left(\frac{M_{00} + M_{0n}}{2} \right) y_i \, \frac{ds}{EI} + \right. \\ &\left. + \sum_{k=a}^{k=r} K_k \int_{y=y_i}^{y=f} (y_k - \alpha_k \cdot y) y_i \, \frac{ds}{EI} \right\} \end{aligned} \right.$$

Der Beitrag des i^{ten} Zwischenringes errechnet sich zu

$$\int \frac{\mathfrak{N}_i}{EF_i} \cdot \frac{\partial \mathfrak{N}_i}{\partial K_i} \cdot ds = \frac{2\,n\,s_i}{EF_i} \cdot \frac{K_i}{4 \cdot \sin^2(\rho/2)},$$

oder da in Übereinstimmung mit Abb. 24 die Länge eines Ringabschnittes

$$s_i = 2\,r_i \cdot \sin(\rho/2)$$

ist, so wird auch

$$72) \dots \int \frac{\mathfrak{N}_i}{EF_i} \cdot \frac{\partial \mathfrak{N}_i}{\partial K_i} \, ds = n \frac{K_i\,r_i}{EF_i} \cdot \frac{1}{\sin(\rho/2)}.$$

Faßt man alle Beiträge zusammen und schreibt man zur Abkürzung

$$\frac{\displaystyle\int_{y=y_i}^{y=f} (M_{00} + M_{0n}) y_i \, \frac{ds}{EI}}{2 \displaystyle\int_0^l y^2 \, \frac{ds}{EI}} = \mathfrak{H}_i, \qquad \frac{\displaystyle\int_{y=y_i}^{y=f} y_i (y_k - \alpha_k \cdot y) \, \frac{ds}{EI}}{\displaystyle\int_0^l y^2 \, \frac{ds}{EI}} = \delta_{ki},$$

so geht Gl. 70, über in:

$$73)\ \cdot\ \left\{ K_a \cdot \delta_{ai} + K_b \cdot \delta_{bi} + K_c \cdot \delta_{ci} + \ \ldots\ + K_i \left[\delta_{ii} + \frac{r_i}{E\,F_i}\ \frac{\displaystyle\int_0^l y^2\,\frac{ds}{E\,I}}{2 \cdot \sin(\rho/2)} \right] + \right.$$
$$+ \ldots + K_r \cdot \delta_{ri} = -\frac{1}{n}\,\mathfrak{H}_i.$$

Stellt man wieder r solche Gleichungen für $i = a$ bis $i = r$ auf, so kann man alle Widerstände K_i sehr leicht bestimmen und sodann mit Hilfe der bereits früher ermittelten Werte $X_m^{(0)}$, $Y_m^{(0)}$, $Z_m^{(0)}$, $M_m^{(0)}$, $\mathfrak{M}_m^{(0)}$ und $W_m^{(0)}$ den Spannungszustand des ganzen Tragwerkes feststellen.

2. Untersuchung der aus freien Gliedern zusammengesetzten Zwischenringe.

Schwieriger gestaltet sich die Berechnung, wenn die Ringabschnitte gelenkig an die Rippen angeschlossen, aber nicht unmittelbar miteinander verbunden sind (Abb. 25). Es entstehen dann in den verschiedenen Abschnitten des gleichen Zwischenringes (i) verschiedene Spannkräfte H_{mi}, und der Grad der statischen Unbestimmtheit wird im allgemeinen $2\,n$ — oder mit Rücksicht auf die Symmetrie mindestens n-fach höher.[1]

α) Verteilung der Ringwiderstände.

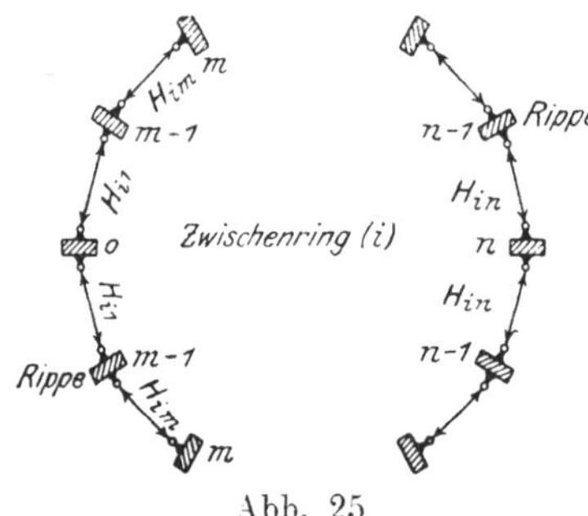

Abb. 25.

Um den Gang der Untersuchung einfacher darstellen zu können, nehmen wir zuerst an, es sei nur der i^{te} Ring vorhanden (Abb. 26). Die auf die m^{te} Rippe wirkenden Ringwiderstände H_m und H_{m+1} lassen sich in eine radialgerichtete Kraft

$$K_m = \sin(\rho/2)\,(H_{m+1} + H_m)$$

und in eine tangential gerichtete Kraft

$$L_m = \cos(\rho/2)\,(H_{m+1} - H_m)$$

zerlegen. Betrachten wir die unversteifte Rippenkuppel als Hauptsystem, so können die in den Nebenrippen durch die Kräfte K_m und L_m erzeugten Auflagerwiderstände, Biegungs- und Verwindungsmomente in der Form

---

[1] Diese Erhöhung der statischen Unbestimmtheit kommt nur bei Tragwerken mit räumlicher Stützung in Betracht: bei radialer Stützung hingegen ist es gleichgültig, ob die Glieder der Zwischenringe mittelbar oder unmittelbar gelenkartig aneinander angeschlossen sind.

$$74) \quad \dots \quad X_m^{(i)} = X_i\,K_m + \Delta X_m, \quad Y^{(i)} = Y_i\,K_m + \Delta Y_m, \quad Z^{(i)} = Z_i\,L_m + \Delta Z_m,$$

$$M_m^{(i)} = M_i\,K_m + x\,\Delta Y_m - y\,\Delta X_m, \quad \mathfrak{M}_m^{(i)} = \mathfrak{M}_i\,L_m + u\,\Delta Z_m,$$

$$W_m^{(i)} = W_i\,L_m + v\,\Delta Z_m$$

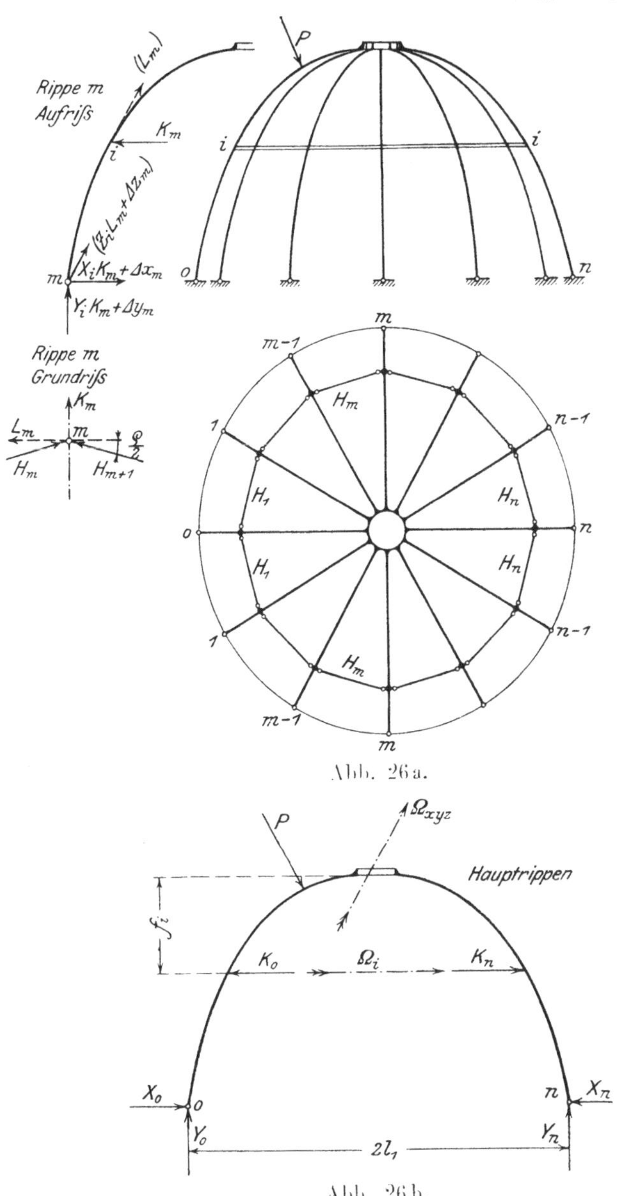

dargestellt werden. Auf die Hauptrippen entfallen zunächst unmittelbar die radialen Widerstände

$$K_0 = 2\,H_1 \cdot \sin(\varrho/2), \qquad K_n = 2\,H_n \cdot \sin(\varrho/2),$$

ferner die Resultierende Ω_i aller Kräfte K_m, L_m, $X_i\,K_m$, $Y_i\,K_m$ und $Z_i\,L_m$, und schließlich die Resultierende $\Omega_{x,y,z}$ aller Widerstände ΔX_m, ΔY_m und ΔZ_m. Setzt man

$$75)\ \dots\quad \sum_{m=1}^{m=n-1} K_m = \mathfrak{K}, \quad \sum_{m=1}^{m=n-1} K_m \cdot \cos(m\varrho) = \mathfrak{R}, \quad \sum_{m=1}^{m=n-1} L_m \cdot \sin(m\varrho) = \mathfrak{T},$$

$$\sum_{m=1}^{m=n-1} \Delta X_m \cdot \cos(m\varrho) = \Omega'_x, \quad \sum_{m=1}^{m=n-1} \Delta Y_m = \Omega_y, \quad \sum_{m=1}^{m=n-1} \Delta Y_m \cdot \cos(m\varrho) = \Omega'_y,$$

$$\sum_{m=1}^{m=n-1} \Delta Z_m \cdot \sin(m\varrho) = \Omega'_z,$$

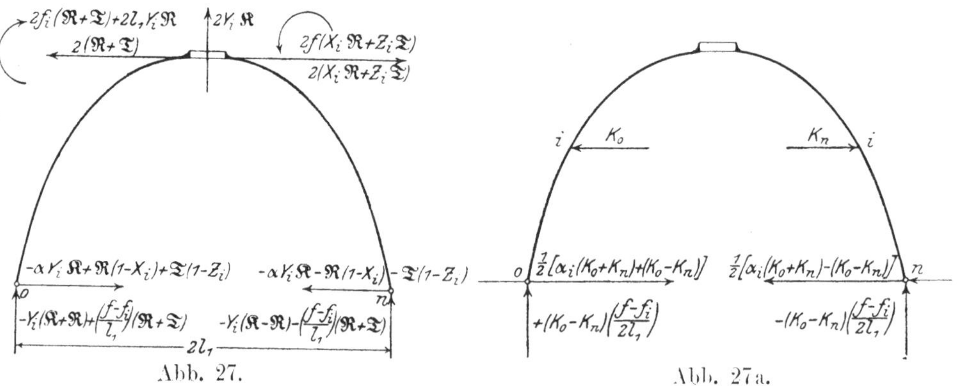

Abb. 27. Abb. 27a.

so läßt sich Ω_i durch folgende Kraftgrößen ersetzen (Abb. 27): es treten an Stelle der Widerstände K_m und L_m eine in der Scheitelebene wirkende Kraft $2\,(\mathfrak{R}+\mathfrak{T})$ und ein Kräftepaar $2\,f_i\,(\mathfrak{R}+\mathfrak{T})$, an Stelle der Widerstände $Y_i\,K_m$ eine in die Mittelachse fallende lotrechte Kraft $2\,Y_i\,\mathfrak{K}$ sowie ein Kräftepaar $2\,l_1\,Y_i\,\mathfrak{R}$, und an Stelle der Widerstände $X_i\,K_m$ und $Z_i\,L_m$ eine am Scheitel angreifende wagerechte Kraft $-\,2\,(X_i\,\mathfrak{R} + Z_i\,\mathfrak{T})$ und ein Kräftepaar $-\,2\,f\,(X_i\,\mathfrak{R} + Z_i\,\mathfrak{T})$. Die entsprechenden Auflagerwiderstände und Biegungsmomente sind:

$$X_{0n} = -\,\alpha\,Y_i\mathfrak{K} \pm \left\{ \mathfrak{R}\,(1-X_i) + \mathfrak{T}\,(1-Z_i) \right\},$$

$$Y_{0n} = -\,Y_i\,(\mathfrak{K} \pm \mathfrak{R}) \pm \frac{(f-f_i)}{l_1}\,(\mathfrak{R} + \mathfrak{T}),$$

$$M_{0n} = \mathfrak{K}\,Y_i\,(\alpha\,y - x) \pm \left\{ (\mathfrak{R} + \mathfrak{T})\left[\frac{x}{l_1}\cdot(f-f_1) - y\right] - x\,Y_i\,\mathfrak{R} + y\,(\mathfrak{R}\,X_i + \mathfrak{T}\,Z_i) \right\}$$

Das obere Vorzeichen bezieht sich hierbei auf die Rippe (o), das untere auf die Rippe (n).

Durch die Kräfte K_0 und K_n werden, wie Abb. 27a zeigt, Auflagerwiderstände

$$X_{0_n} = \frac{\alpha_i}{2}\,(K_0 + K_n) \pm \frac{1}{2}\,(K_0 - K_n),$$

$$Y_{0_n} = \pm \frac{(K_0 - K_n)}{2}\,\frac{(f - f_i)}{l_1},$$

Momente

$$M_{0_n} = y_i K_{0_n} - \frac{\alpha_i}{2}\cdot y\,(K_0 + K_n) \pm \frac{(K_0 - K_n)}{2}\left[\frac{x}{l_1}\,(f - f_i) - y\right]$$

hervorgerufen. Unter dem Einfluß der Gruppe $\Omega_{x,\,y,\,z}$ entstehen schließlich wie bei der unversteiften Rippenkuppel[1]) Stützkräfte:

$$X_{0_n} = -\alpha\,\Omega_y \mp (\Omega_x' + \Omega_z'), \quad Y_{0_n} = -\Omega_y \mp \Omega_y',$$

und Momente

$$M_{0_n} = \Omega_y\,(\alpha\,y - x) \pm [y\,(\Omega_x' + \Omega_z') - x\,\Omega_y'].$$

Fassen wir alle Werte zusammen und beachten wir, daß alle Spannkräfte H des Zwischenringes ein für sich im Gleichgewicht befindliches Kräftesystem bilden und daß somit die Gleichgewichtsbedingung

76) $\ldots\ (K_0 - K_n) + 2\,(\Re + \mathfrak{T}) = 0.$

erfüllt sein muß, so erhalten wir insgesamt:

77) $\ldots\ X_{0_n}^{(i)} = \dfrac{\alpha_i}{2}\,(K_0 + K_n) - \alpha\,Y_i\,\Re \mp (\Re\,X_i + \mathfrak{T}\,Z_i) - \alpha\,\Omega_y \mp (\Omega_x' + \Omega_z')$

$$Y_{0_n}^{(i)} = -\,Y_i\,\Re \mp Y_i\,\Re - \Omega_y \mp \Omega_y',$$

$$M_{0_n}^{(i)} = y_i K_{0_n} - \frac{\alpha_i}{2}\cdot y\,(K_0 + K_n) + Y_i\cdot\Re\,(\alpha\,y - x) \pm$$

$$\pm \Big\{ y\,(\Re\,X_i + \mathfrak{T}\,Z_i) - x\,\Re\,Y_i \Big\} + \Omega_y\,(\alpha\,y - x) \pm$$

$$\pm [y\,(\Omega_x' + \Omega_z') - x\,\Omega_y']$$

Schreibt man zur Abkürzung

78) $\ldots\ M_{0\,0_n}^{(i)} = y_i K_{0_n} - y\cdot\alpha_i\,\dfrac{(K_0 + K_n)}{2} + Y_i\,\Re\,(\alpha\,y - x) \pm$

$$\pm \Big\{ y\,(\Re\,X_i + \mathfrak{T}\,Z_i) - x\,Y_i\,\Re \Big\},$$

so ergibt sich auch

$$M_{0_n}^{(i)} = M_{0\,0_n}^{(i)} + \Omega_y\,(\alpha\,y - x) \pm [y\,(\Omega_x' + \Omega_z') - x\,\Omega_y'].$$

Letztere Gleichung stimmt, sobald man ΔX_m, ΔY_m, ΔZ_m mit X_m, Y_m, Z_m vertauscht, mit der im Abschnitt § 1 entwickelten Gleichung 6 vollkommen überein. Wir dürfen daher ohne weiteres die für X_m, Y_m, Z_m daselbst ermittelten Lösungen unmittelbar auf die Werte ΔX_m, ΔY_m, $Z\Delta_m$ übertragen. Wir erhalten der Reihe nach:

---

[1] Vgl. Gleichung 5).

$$\frac{1}{2}\left(M_{00}^{(i)} + M_{0n}^{(i)}\right) = \frac{K_0 + K_n}{2}\,(y_i - \alpha_i\,y) + Y_i\,\Re\,(\alpha\,y - x),$$

$$\frac{1}{2}\left(M_{00}^{(i)} - M_{0n}^{(i)}\right) = \frac{K_0 - K_n}{2}\cdot y_i + \Re\,(y\,X_i - x\,Y_i) + y\,\mathfrak{T}\,Z_i,$$

$$A_{xx} = \frac{\displaystyle\int_0^1 \left(M_{00}^{(i)} - M_{0n}^{(i)}\right)\frac{x\,ds}{E\,I}}{2\displaystyle\int_0^1 x^2\,\frac{ds}{E\,I}} = \frac{K_0 - K_n}{2}\,\beta_i + \Re\,(\beta\,X_i - Y_i) + \beta\,\mathfrak{T}\,Z_i =$$
$$= \mathfrak{T}\,(\beta\,Z_i - \beta_i),$$

$$A_{yy} = \frac{\displaystyle\int_0^1 \left(M_{00}^{(i)} - M_{0n}^{(i)}\right)y\,\frac{ds}{E\,I}}{2\displaystyle\int_0^1 y^2\,\frac{ds}{E\,I}} = \frac{K_0 - K_n}{2}\cdot\alpha_i + \Re\,(X_i - \alpha\,Y_i) + \mathfrak{T}\,Z_i =$$
$$= \mathfrak{T}\,(Z_i - \alpha_i),$$

$$C_x = \frac{A_{yy} - \alpha\,A_{xx}}{\gamma} = \mathfrak{T}\,(Z_i - X_i); \quad C_y = \frac{\beta\,A_{yy} - A_{xx}}{\gamma} = -\,\mathfrak{T}\cdot Y_i,$$

$$B_{xx} = \frac{\displaystyle\int_0^1 \left(M_{00}^{(i)} + M_{0n}^{(i)}\right)\left(x\,\frac{ds}{E\,I}\right)}{2\displaystyle\int_0^1 x^2\,\frac{ds}{E\,I}} = \frac{K_0 + K_n}{2}\cdot(\beta_i - \alpha_i\,\beta) + Y_i\cdot\Re\,(\alpha\,\beta - 1),$$

$$\frac{B_{xx}}{\gamma} = -\,Y_i\left(\Re + \frac{K_0 + K_n}{2}\right),$$

oder mit der Hilfsbezeichnung

$$\Re + \frac{K_0 + K}{2} = 2\sin\varrho/_2\sum_{m=1}^{m=n} H_m = 2\,\mathfrak{S}:$$

$$\frac{B_{xx}}{\gamma} = -\,2\,Y_i\cdot\mathfrak{S}.$$

Die Gleichungen 10) und 11) liefern nun:

$$\Omega_y = +\,\frac{n - 1}{n}\,\frac{B_{xx}}{\gamma} = -\,2\,\frac{(n - 1)}{n}\,Y_i\cdot\mathfrak{S},$$

$$\Omega_y' = -\left(1 - \frac{2}{n}\right)C_y = +\left(1 - \frac{2}{n}\right)Y_i\,\mathfrak{T},$$

$$1 + \psi)\,(\Omega_x' + \Omega_z) = -\,\psi\,A_{yy} - \left(1 - \frac{2}{n}\right)(C_x + \alpha\,\psi\,C_y) =$$
$$= -\,\mathfrak{T}\left\{\psi\left[Z_i - \alpha_i - \alpha\,Y_i\left(1 - \frac{2}{n}\right)\right] + \left(1 - \frac{2}{n}\right)(Z_i - X_i)\right\}$$

$$\Delta X_m = \frac{1}{n}\,\alpha\,\frac{B_{xx}}{\gamma} - \cos(m\rho).(C_x + \Omega_x' + \Omega_z') =$$

$$= -\frac{2}{n}\cdot\alpha\,Y_i\,\mathfrak{S} + \frac{2}{n}\cdot\cos(m\rho)\,\mathfrak{T}\,\frac{X_i - Z_i + \alpha\,\psi\,Y_i}{1+\psi}$$

$$\Delta Y_m = \frac{1}{n}\left[\frac{B_{xx}}{\gamma} - 2\cos(m\rho)\,C_y\right] = -\frac{2}{n}\,\mathfrak{S}\,Y_i + \frac{2}{n}\cdot\cos(m\rho)\,\mathfrak{T}$$

$$\Delta Z_m = \psi\cdot\tan(m\rho)\,(\Delta X_m - \alpha\,\Delta Y_m) = \frac{2}{n}\cdot\sin(m\rho)\,\mathfrak{T}\,\frac{\psi}{1+\psi}\,(\alpha_i - Z_i).$$

Werden diese Werte in die Gleichung 74 eingeführt, so ergibt sich:

$$79)\;\ldots\; M_m^{(i)} = M_i\,K_m + \frac{2}{n}\,\mathfrak{S}\,Y_i\,(\alpha\,y - x) +$$

$$+ \frac{2}{n}\cdot\cos(m\rho)\,\mathfrak{T}\left[Y_i\,x - y\,\frac{(X_i - Z_i + \alpha\,\psi\,Y_i)}{1+\psi}\right],$$

$$\mathfrak{M}_m^{(i)} = \mathfrak{M}_i\,L_m + \frac{2}{n}\cdot\sin(m\rho)\,u\,\mathfrak{T}\cdot\frac{\psi}{1+\psi}\,(\alpha_i - Z_i),$$

$$W_m^{(i)} = \dot{W}_i\,L_m + \frac{2}{n}\,\sin(m\rho)\,v\,\mathfrak{T}\,\frac{\psi}{1+\psi}\,(\alpha_i - Z_i).$$

Die Gleichungen der Biegungsmomente der Hauptrippen lassen sich wie folgt umformen. Ersetzt man in den Gleichungen 78) die Ω-Werte durch die entsprechenden Funktionen von $\mathfrak{S}$ und $\mathfrak{T}$, so erhält man:

$$M_{0_n}^{(i)} = y_i\,K_{0_n} - y\,\alpha_i\,(2\,\mathfrak{S} - \mathfrak{R}) + Y_i\,\mathfrak{R}\,(\alpha\,y - x) \pm [y\,(\mathfrak{R}\,X_i + \mathfrak{T}\,Z_i) - x\,Y_i\,\mathfrak{R}]$$

$$- 2\,\frac{(n-1)}{n}\,Y_i\,\mathfrak{S}\,(\alpha\,y - x) \mp$$

$$\mp \mathfrak{T}\left\{\left(1-\frac{2}{n}\right)x\,Y_i + \frac{y}{1+\psi}\left[\psi\left(Z_i - \alpha_i - \alpha\,Y_i\,\frac{n-2}{n}\right) + \left(1-\frac{2}{n}\right)(Z_i - X_i)\right]\right\},$$

oder, wenn man den Ausdruck $K_{0_n}\,(y\,X_i - x\,Y_i)$ einerseits zu- und anderseits abzählt und die gemeinsamen Faktoren vereinigt:

$$M_{0_n}^{(i)} = M_i\,K_{0_n} + K_{0_n}\,(y\,X_i - x\,Y_i) + \mathfrak{R}\,(y\,\alpha_i + Y_i\,\alpha\,y - Y_i\,x) \pm \mathfrak{R}\,(y\,X_i - x\,Y_i)$$

$$- 2\,\mathfrak{S}\left[\alpha_i\,y + \frac{n-1}{n}\,Y_i\,(\alpha\,y - x)\right] \pm$$

$$\pm \mathfrak{T}\left\{y\,Z_i - \left(1-\frac{2}{n}\right)x\,Y_i - \frac{y}{1+\psi}\left[\psi\left(Z_i - \alpha_i - \alpha\,Y_i\,\frac{n-2}{n}\right) + \left(1-\frac{2}{n}\right)(Z_i - X_i)\right]\right\}$$

In dieser Gleichung kann $(\mathfrak{R} + \mathfrak{T})$ mit $\frac{1}{2}\,(K_n - K_0)$ vertauscht werden, und außerdem

$$K_0 - \frac{(K_0 - K_n)}{2} = \frac{K_0 + K_n}{2}, \quad K_n + \frac{K_0 - K_n}{2} = \frac{K_0 + K_n}{2}$$

gesetzt werden, es wird dann:

$$M_{0_n}^{(i)} = M_i \cdot K_{0_n} + \frac{2}{n}\,\mathfrak{S}\,Y_i\,(\alpha\,y - x) \pm \frac{2}{n}\,\mathfrak{T}\left[Y_i\,x - y\,\frac{(X_i - Z_i + \alpha\,\psi\,Y_i)}{1 + \psi}\right] +$$

$$+ (y\,X_i - x\,Y_i)\left(\frac{K_0 + K_n}{2} + \mathfrak{R} - 2\,\mathfrak{S}\right) \pm$$

Es ist aber
$$\pm\,\mathfrak{T}\left\{y\,(Z_i - X_i) - \frac{y}{1 + \psi}\,[Z_i - X_i + \psi\,(Z_i - \alpha_i - \alpha\,Y_i)]\right\}.$$

$$\frac{K_0 + K_n}{2} + \mathfrak{R} - 2\,\mathfrak{S} = 0, \quad (Z_i - X_i) - \frac{1}{1 + \psi}\,[Z_i - X_i + \psi\,(Z_i - \alpha_i - \alpha\,Y_i)] = 0$$

Daher ergibt sich schließlich:

$$79^{\mathrm{a}})\,\ldots\quad M_{0_n}^{(i)} = M_i\,K_{0_n} + \frac{2}{n}\,\mathfrak{S}\,Y_i\,(\alpha\,y - x) \pm \frac{2}{n}\,\mathfrak{T}\left[Y_i\,x - y\,\frac{(X_i - Z_i + \alpha\,\psi\,Y_i)}{1 + \psi}\right]$$

Diese Gleichung stimmt, wie es auch die zyklische Symmetrie fordert, mit der für die Nebenrippen abgeleiteten Gleichung 79 vollkommen überein. Allgemein kann für jede Rippe

$$80)\,\ldots\quad \begin{cases} M_m = M_m^{(0)} + M_m' + M_m'', \quad \mathfrak{M}_m = \mathfrak{M}_m^{(0)} + \mathfrak{M}_m' + \mathfrak{M}_m'', \\ W_m = W_m^{(0)} + W_m' + W_m' \end{cases}$$

gesetzt werden. Die Werte $M^{(0)}$, $\mathfrak{M}^{(0)}$, $W^{(0)}$ sind hierbei unmittelbar von der Belastung abhängig und beziehen sich auf die unversteifte Rippenkuppel, während durch die Werte

$$M_m' = M_i\,K_m, \quad \mathfrak{M}_m' = \mathfrak{M}_i\,L_m, \quad W_m' = W_i\,L_m,$$

$$M_m'' = \frac{2}{n}\,\mathfrak{S}\,Y_i\,(\alpha\,y - x) + \frac{2}{n}\cdot\cos\,(m\,\varrho)\,\mathfrak{T}\left[x\,Y_i - \frac{y}{1 + \psi}\,(X_i - Z_i + \alpha\,\psi\,Y_i)\right],$$

$$\mathfrak{M}_m'' = \frac{2}{n}\cdot\sin\,(m\,\varrho)\,u\,\mathfrak{T}\,\frac{\psi}{1 + \psi}\,(\alpha_i - Z_i), \quad W_m'' = \frac{2}{n}\,\sin\,(m\,\varrho)\,v\,\mathfrak{T}\,\frac{\psi}{1 + \psi}\,(\alpha_i - Z_i)$$

der Einfluß der Ringwiderstände gekennzeichnet wird.

β) Bildung und Ermittelung der statisch unbestimmten Größen.

Wir teilen jetzt die Werte H in die zwei folgenden Gruppen:

$$81)\,\ldots\quad \begin{cases} \dfrac{1}{2}\,(H_1 + H_n) = U_1, \\[4pt] \dfrac{1}{2}\,(H_2 + H_{n-1}) = U_2, \\[4pt] \dfrac{1}{2}\,(H_3 + H_{n-2}) = U_3, \\[4pt] \cdots\cdots\cdots\cdots \\[4pt] \dfrac{1}{2}\,(H_k + H_{k+1}) = U_k, \end{cases} \qquad \begin{cases} \dfrac{1}{2}\,(H_1 - H_n) = V_1, \\[4pt] \dfrac{1}{2}\,(H_2 - H_{n-1}) = V_2, \\[4pt] \dfrac{1}{2}\,(H_3 - H_{n-2}) = V_3, \\[4pt] \cdots\cdots\cdots\cdots \\[4pt] \dfrac{1}{2}\,(H_k - H_{k+1}) = V_k. \end{cases}$$

Es ist also:

$$82) \ldots \begin{cases} H_1 = U_1 + V_1 \\ H_2 = U_2 + V_2 \\ H_3 = U_3 + V_3 \\ \cdot \quad \cdot \quad \cdot \quad \cdot \quad \cdot \\ H_k = U_k + V_k \end{cases} \qquad \begin{cases} H_n \quad\,\, = U_1 - V_1 \\ H_{n-1} = U_2 - V_2 \\ H_{n-2} = U_3 - V_3 \\ \cdot \quad \cdot \quad \cdot \quad \cdot \quad \cdot \quad \cdot \\ H_{k+1} = U_k - V_k \end{cases}$$

und mithin

$$83) \ldots \begin{cases} K_1 = \sin \varrho/2\,[(U_2 + U_1) + (V_2 + V_1)], \\ K_2 = \sin \varrho/2\,[(U_3 + U_2) + (V_3 + V_2)], \\ K_3 = \sin \varrho/2\,[(U_4 + U_3) + (V_4 + V_3)], \\ \cdot \quad \cdot \quad \cdot \quad \cdot \quad \cdot \quad \cdot \quad \cdot \quad \cdot \quad \cdot \quad \cdot \\ K_k = 2 \sin \varrho/2\; U_k \\ K_{n-1} = \sin \varrho/2\,[(U_2 + U_1) - (V_2 + V_1)], \\ K_{n-2} = \sin \varrho/2\,[(U_3 + U_2) - (V_3 + V_2)], \\ K_{n-3} = \sin \varrho/2\,[(U_4 + U_3) - (V_4 + V_3)], \\ \cdot \quad \cdot \quad \cdot \quad \cdot \quad \cdot \quad \cdot \quad \cdot \quad \cdot \quad \cdot \quad \cdot \end{cases}$$

$$\begin{cases} L_1 = \cos \varrho/2\,[(U_2 - U_1) + (V_2 - V_1)], \\ L_2 = \cos \varrho/2\,[(U_3 - U_2) + (V_3 - V_2)], \\ L_3 = \cos \varrho/2\,[(U_4 - U_3) + (V_4 - V_3)], \\ \cdot \quad \cdot \quad \cdot \quad \cdot \quad \cdot \quad \cdot \quad \cdot \quad \cdot \quad \cdot \\ L_k = -\,2 \cos \varrho/2\; V_k \\ L_{n-1} = -\cos \varrho/2\,[(U_2 - U_1) - (V_2 - V_1)], \\ L_{n-2} = -\cos \varrho/2\,[(U_3 - U_2) - (V_3 - V_2)], \\ L_{n-3} = -\cos \varrho/2\,[(U_4 - U_3) - (V_4 - V_3)], \\ \cdot \quad \cdot \quad \cdot \quad \cdot \quad \cdot \quad \cdot \quad \cdot \quad \cdot \quad \cdot \end{cases}$$

$$\begin{cases} M_{m_{n-m}} = M_i\,[(U_{m+1} + U_m) \pm (V_{m+1} + V_m)]\sin \varrho/2, \\ \mathfrak{M}'_{m_{n-m}} = \pm\,\mathfrak{M}_i\,[(U_{m+1} - U_m) \pm (V_{m+1} - V_m)]\cos \varrho/2, \\ W'_{m_{n-m}} = \pm\,W_i\,[(U_{m+1} - U_m) \pm (V_{m+1} - V_m)]\cos \varrho/2, \\ M'_k = 2\,M_i\,U_k \cdot \sin \varrho/2, \\ \mathfrak{M}'_k = -\,2\,\mathfrak{M}_i \cdot V_k \cdot \cos \varrho/2, \\ W'_k = -\,2\,W_i \cdot V_k \cdot \cos \varrho/2. \end{cases}$$

Für die Hauptrippen gilt ausnahmsweise:

$$83\,a) \ldots \begin{cases} K_{0_n} = 2 \sin \varrho/2\,(U_1 \pm V_1), \quad L_{0_n} = 0, \\ M'_{0_n} = 2\,M_i\,(U_1 \pm V_1) \sin \varrho/2, \quad \mathfrak{M}'_{0_n} = W'_{0_n} = 0. \end{cases}$$

Um den Gang der Untersuchung an einem praktischen Fall zu erläutern, nehmen wir beispielsweise n = 12 an, und stellen in Abb. 28 die Belastungsgruppe $U_4 = 1$ dar. Die auftretenden Widerstände sind:

$$H_4 = H_9 = 1, \quad K_3 = K_4 = K_8 = K_9 = \sin \varrho/2, \quad L_3 = -L_4 = +L_8 = -L_9 = \cos \varrho/2$$

$$\left. \begin{aligned} X_3 &= X_4 = X_8 = X_9 = X_i \cdot \sin \varrho/2 \\ Y_3 &= Y_4 = Y_8 = Y_9 = Y_i \cdot \sin \varrho/2 \\ Z_3 &= -Z_4 = +Z_8 = -Z_9 = Z_i \cos \varrho/2 \end{aligned} \right\} Y_0 = Y_{12} = -4\,Y_i \sin \varrho/2$$

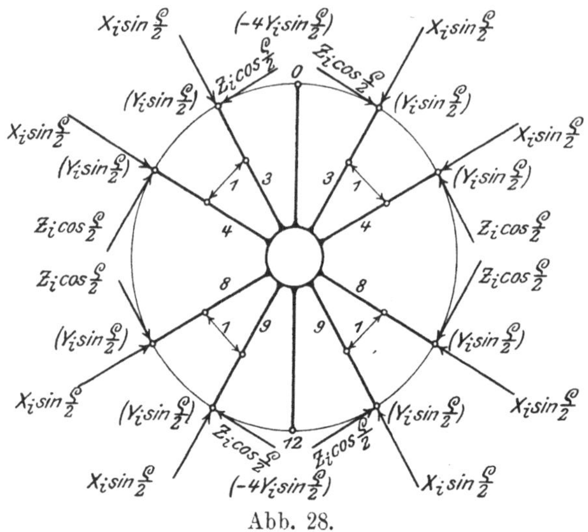

Abb. 28.

Denselben entsprechen die Momente:

$$M_3 = M_4 = M_8 = M_9 = M_i \cdot \sin \varrho/2,$$
$$\mathfrak{M}_3 = -\mathfrak{M}_4 = +\mathfrak{M}_8 = -\mathfrak{M}_9 = \mathfrak{M}_i \cos \varrho/2,$$
$$W_3 = -W_4 = +W_8 = -W_9 = W_i \cdot \cos \varrho/2,$$
$$M_0 = M_{12} = -4\,x\,Y_i \cdot \sin \varrho/2,$$

sowie die Ringspannkräfte

$$\mathfrak{N}_4 = \mathfrak{N}_8 = 1.$$

Wenden wir den Satz der virtuellen Verrückungen auf diese Belastungsgruppe und auf die wirklichen Verschiebungen an, so lautet die Arbeitsgleichung:

$$2 \sin \varrho/2 \left\{ \int_0^1 (M_3 + M_4 + M_8 + M_9)\,M_i\,\frac{ds}{EI} - 4\,Y_i \int_0^1 \frac{M_0 + M_{12}}{2} \cdot x\,\frac{ds}{EI} \right\} + 2 \int_0^{s_i} (\mathfrak{N}_4 + \mathfrak{N}_9)\,\frac{ds}{E\,F_i} +$$

$$+ 2 \cos \varrho/2 \left\{ \int_0^1 (\mathfrak{M}_3 - \mathfrak{M}_4 + \mathfrak{M}_8 - \mathfrak{M}_8)\,\mathfrak{M}_i\,\frac{ds}{EI'} + \int_0^1 (W_3 - W_4 + W_8 - W_9)\,W_i\,\frac{ds}{G\,I_p} \right\} = 0.$$

Ihre Entwicklung liefert, wenn man, um die Schreibweise zu vereinfachen,

$$\int_0^1 M_i \cdot M_k \frac{ds}{EI} = [M_i,\ M_k], \qquad \int_0^1 \mathfrak{M}_i \cdot \mathfrak{M}_k \frac{ds}{EI'} = [\mathfrak{M}_i,\ \mathfrak{M}_k],$$

$$\int_0^1 W_i \cdot W_k \cdot \frac{ds}{G\,I_p} = [W_i,\ W_k]$$

setzt, die Abkürzungen

$$84) \ \ldots \ \sin^2 \frac{\rho}{2}\,[M_i,\ M_i] + \cos^2 \frac{\rho}{2}\left\{[\mathfrak{M}_i,\ \mathfrak{M}_i] + [W_i,\ W_i]\right\} + \frac{s_i}{2\,EF_i} = a,$$

$$\sin^2 \frac{\rho}{2}\,[M_i,\ M_i] - \cos^2 \frac{\rho}{2}\left\{[M_i,\ M_i] + [W_i,\ W_i]\right\} = b$$

einführt und auf die Beziehungen

$$[M_i,\ x] = [M_i,\ y] = [\mathfrak{M}_i,\ u] + [W_i,\ v] = 0$$

achtet:

$$2\,a\,U_4 + b\,(U_3 + U_5) = 2 \cdot \sin\rho/2\,Y_i\left\{\frac{1}{2}\,[M_0^{(0)} + M_{12}^{(0)},\ x] + \frac{2}{n}\,\mathfrak{S}\,Y_i\,(\alpha[x,\ y] - [x,\ x])\right\} -$$

$$- \frac{1}{2} \cdot \sin\rho/2\,[M_3^{(0)} + M_4^{(0)} + M_8^{(0)} + M_9^{(0)},\ M_i] +$$

$$+ \frac{1}{2}\cos\frac{\rho}{2}\left\{[\mathfrak{M}_3^{(0)} - \mathfrak{M}_4^{(0)} + \mathfrak{M}_8^{(0)} - \mathfrak{M}_9^{(0)},\ \mathfrak{M}_i] + [W_3^{(0)} - W_4^{(0)} + W_8^{(0)} - W_9^{(0)},\ W_i]\right\}.$$

Da für alle Nebenrippen die Momente $M_m^{(0)}$, $\mathfrak{M}_m^{(0)}$, $W_m^{(0)}$ unmittelbare Funktionen der Ordinaten x, y, z, u, v sind, so werden die entsprechenden Integrale

$$[M_m^{(0)},\ M_i] = [\mathfrak{M}_m^{(0)},\ \mathfrak{M}_i] + [W_m^{(0)},\ W_i] = 0.$$

Für die Hauptrippen ist nach Gleichung 6:

$$\frac{1}{2}\,(M_0^{(0)} + M_{12}^{(0)}) = \frac{1}{2}\,(M_{00}^{(0)} + M_{0(12)}^{(0)}) + \Omega^{(0)}\,(\alpha\,y - x),$$

und da nach Gleichung 10:

$$\Omega_y^{(0)} = \frac{n-1}{n}\,\frac{B_{xx}^{(0)}}{\gamma},$$

so erhält man:

$$\frac{1}{2}\,[M_0^{(0)} + M_{12}^{(0)},\ x] = [x,\ x]\,B_{xx}^{(0)}\left(1 - \frac{n-1}{n}\right) = \frac{1}{n}\,B_{xx}^{(0)}\,[x,\ x].$$

Mithin auch:

$$85) \ \ldots \ 2\,a\,U_4 + b\,(U_3 + U_5) = \frac{2}{n} \cdot \sin \frac{\rho}{2} \cdot Y_i\,(B_{xx}^{(0)} - 2\,\gamma\,Y_i\,\mathfrak{S})\int_0^1 x^2\,\frac{ds}{EI} = \mathfrak{A}_i$$

Für die Belastungszustände $U_2 = U_3 = U_5 = 1$ ergibt sich analog:

$$85\,\mathrm{a}) \ldots \quad 2\,\mathrm{a}\,U_2 + \mathrm{b}\,(U_1 + U_3) = \mathfrak{A}_i,$$
$$2\,\mathrm{a}\,U_3 + \mathrm{b}\,(U_2 + U_4) = \mathfrak{A}_i,$$
$$2\,\mathrm{a}\,U_5 + \mathrm{b}\,(U_4 + U_6) = \mathfrak{A}_i.$$

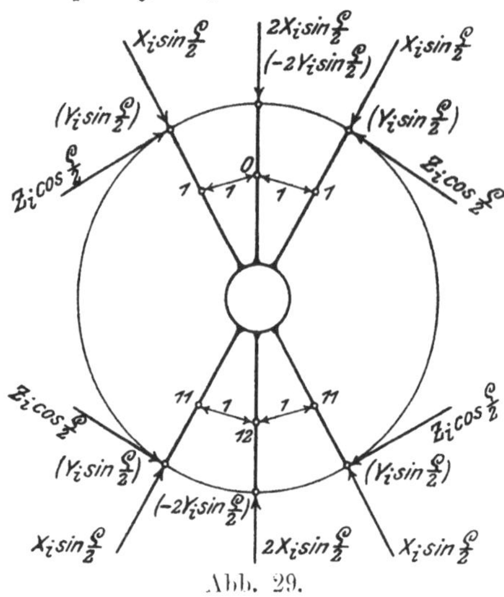

Abb. 29.

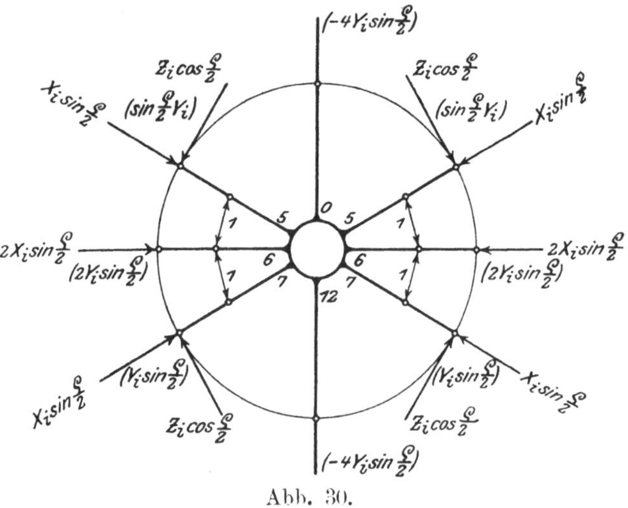

Abb. 30.

Die Arbeitsgleichungen für die in den Abb. 29 und 30 dargestellten Belastungszustände lauten hingegen:

$$85\,\mathrm{b}) \ldots \quad 2\,\mathrm{a}'\,U_1 + \mathrm{b}\,U_2 = \mathfrak{A}_i - \sin\varrho/2 \int_0^1 \frac{M_{00}^{(0)} + M_{0\,(12)}^{(0)}}{2} \cdot M_i \, \frac{\mathrm{d}s}{E\,I}$$

$$2\,\mathrm{a}'\,U_6 + \mathrm{b}\,U_5 = \mathfrak{A}_i,$$

wobei:

$$a' = \frac{3}{2} \cdot \sin^2 \frac{\rho}{2} [M_i, M_i] + \frac{1}{2} \cdot \cos^2 \frac{\rho}{2} \left\{ [\mathfrak{M}_i, \mathfrak{M}_i] + [W_i, W_i] \right\} + \frac{s_i}{2\,E\,F_i} \cdot$$

Zu diesen sechs Gleichungen tritt noch die Beziehung:

$$86) \ldots \mathfrak{S} = \sin \rho/2 \sum_{m=1}^{m=n} H_m = 2 \cdot \sin \rho/2 (U_1 + U_2 + U_3 + U_4 + U_5 + U_6)$$

hinzu. Man ist also ohne weiteres imstande, die Werte U ganz unabhängig von den Werten V zu bestimmen.

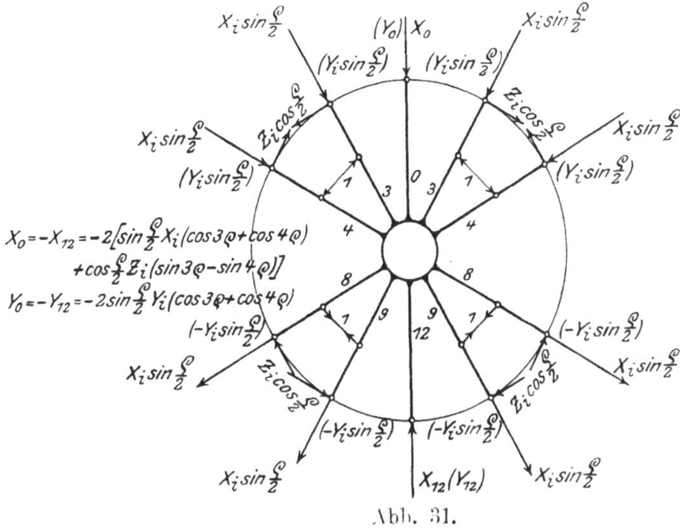

Abb. 31.

In ähnlicher Weise bilden wir jetzt die Belastungsgruppe $V_4 = 1$.
Es entstehen, wie Abb. 31 zeigt, Widerstände:

$$H_4 = -H_9 = 1, \quad K_3 = K_4 = -K_8 = -K_9 = \sin \rho/2,$$
$$L_3 = -L_4 = -L_8 = +L_9 = \cos \rho/2$$

$$\left. \begin{aligned} X_3 = X_4 = -X_8 = -X_9 = \sin \rho/2\, X_i, \\ Y_3 = Y_4 = -Y_8 = -Y_9 = \sin \rho/2\, Y_i, \\ Z_3 = -Z_4 = -Z_8 = +Z_9 = \cos \rho/2\, Z_i, \end{aligned} \right\} \begin{aligned} X_0 = -X_{12} = -2\,[\sin \rho/2\, X_i\, (\cos 3\rho + \\ + \cos 4\rho) + \cos \rho/2\, Z_i\, (\sin 3\rho - \sin 4\rho)] \\ Y_0 = -Y_{12} = -2 \sin \rho/2\, Y_i\, (\cos 3\rho + \\ + \cos 4\rho). \end{aligned}$$

Momente:

$$\left. \begin{aligned} M_3 = M_4 = -M_8 = -M_9 = \sin \rho/2\, M_i, \\ \mathfrak{M}_3 = -\mathfrak{M}_4 = -\mathfrak{M}_8 = +\mathfrak{M}_9 = \cos \rho/2\, \mathfrak{M}_i, \\ W_3 = -W_4 = -W_8 = +W_9 = \cos \rho/2\, W_i, \end{aligned} \right\} \begin{aligned} M_0 = -M_{12} = +2 \sin \frac{\rho}{2} \\ (\cos 3\rho + \cos 4\rho)(y\, X_i - x\, Y_i) + \\ + 2 \cos \frac{\rho}{2}\, y\, Z_i\, (\sin 3\rho - \sin 4\rho) \end{aligned}$$

und Axialkräfte im Ringe:

$$N_4 = -N_9 = 1$$

Die entsprechende Arbeitsgleichung lautet:

$$2 \sin \rho/2 \left\{ \int_0^1 (M_3 + M_4 - M_8 - M_9)\, M_i \,\frac{ds}{E\,I} + \right.$$

$$+ 2 (\cos 3\,\rho + \cos 4\,\rho) \int_0^1 \frac{M_0 - M_{12}}{2} (y\,X_i - x\,Y_i)\, \frac{ds}{E\,I} \Bigg\} +$$

$$+ 2 \int_0^{s_i} (\mathfrak{R}_4 - \mathfrak{R}_9)\, \frac{ds}{E\,F_i} + 4 \cos \rho/2 (\sin 3\,\rho - \sin 4\,\rho)\, Z_i \int_0^1 \frac{M_0 - M_{12}}{2}\, y\, \frac{ds}{E\,I} +$$

$$+ 2 \cos \frac{\rho}{2} \left\{ \int_0^1 (\mathfrak{M}_3 - \mathfrak{M}_4 + \mathfrak{M}_9 - \mathfrak{M}_8)\, \mathfrak{M}\, \frac{ds}{E\,I'} + \right.$$

$$+ \int_0^1 (W_3 - W_4 - W_8 + W_9)\, W_i\, \frac{ds}{G\,I_p} \Bigg\} = 0\,.$$

Ihre Entwicklung liefert, wenn zur Abkürzung

$$\int_0^1 \frac{M_0^{(0)} - M_{12}^{(0)}}{2} (y\,X_i - x\,Y_i)\, \frac{ds}{E\,I} = \mathfrak{B}_i, \quad Z_i \int_0^1 \frac{M_0^{(0)} - M_{12}^{(0)}}{2}\, y\, \frac{ds}{E\,I} = \mathfrak{B}_i',$$

$$\int_0^1 \left[x\,Y_i - y\, \frac{(X_i - Z_i + \alpha\,\psi\,Y_i)}{1 + \psi} \right] (y\,X_i - x\,Y_i)\, \frac{ds}{E\,I} = t_i,$$

$$Z_i \int_0^1 \left[x\,Y_i - y\, \frac{(X_i - Z_i + \alpha\,\psi\,Y_i)}{1 + \psi} \right] y\, \frac{ds}{E\,I} = t_i'$$

gesetzt wird:

$$87)\; \ldots\; 2\,a\,V_4 + b\,(V_3 + V_5) = -\sin \rho/2\,(\cos 3\,\rho + \cos 4\,\rho) \left(\mathfrak{B}_i + \frac{2\,t_i}{n}\,\mathfrak{T} \right) -$$

$$- \cos \rho/2\,(\sin 3\,\rho - \sin 4\,\rho) \left(\mathfrak{B}_i' + \frac{2\,t_i'}{n}\,\mathfrak{T} \right).$$

Demgemäß ergibt sich für $V_2 = 1$, $V_3 = 1$, $V_5 = 1$:

$$87^{\mathrm{a}})\; \ldots\; 2\,a\,V_2 + b\,(V_1 + V_3) = -\sin \rho/2\,(\cos 1\,\rho + \cos 2\,\rho) \left(\mathfrak{B}_i + \frac{2\,t_i}{n}\,\mathfrak{T} \right) -$$

$$- \cos \rho/2\,(\sin 1\,\rho - \sin 2\,\rho) \left(\mathfrak{B}_i' + \frac{2\,t_i'}{n}\,\mathfrak{T} \right),$$

$$2\,a\,V_3 + b\,(V_2 + V_4) = -\sin \rho/2\,(\cos 2\rho + \cos 3\rho)\left(\mathfrak{B}_i + \frac{2\,t_i}{n}\,\mathfrak{T}\right) -$$

$$-\cos\rho/2\,(\sin 2\rho - \sin 3\rho)\left(\mathfrak{B}_i' + \frac{2\,t_i'}{n}\,\mathfrak{T}\right),$$

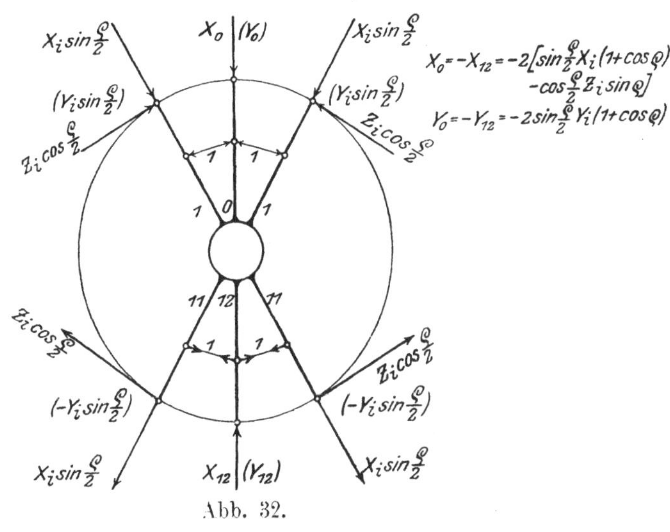

Abb. 32.

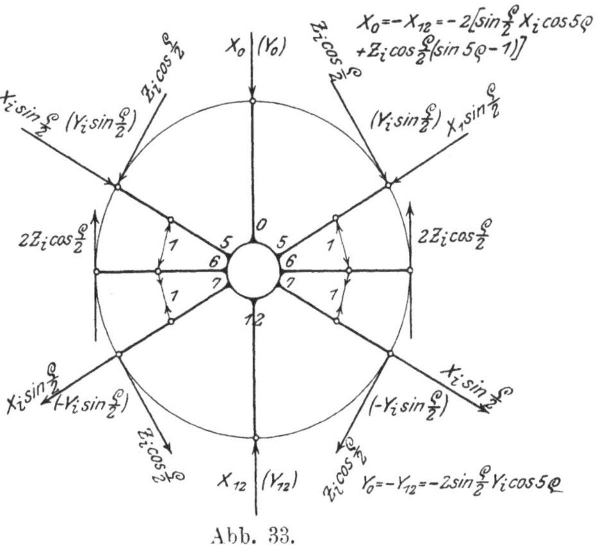

Abb. 33.

$$2\,a\,V_5 + b\,(V_4 + V_6) = -\sin \rho/2\,(\cos 4\rho + \cos 5\rho)\left(\mathfrak{B}_i + \frac{2\,t_i}{n}\,\mathfrak{T}\right) -$$

$$-\cos\rho/2\,(\sin 4\rho - \sin 5\rho)\left(\mathfrak{B}_i' + \frac{2\,t_i'}{2}\,\mathfrak{T}\right).$$

Für die Belastungszustände $V_1 = V_6 = 1$ erhält man schließlich in Übereinstimmung mit den Abbildungen 32, 33:

$$87^{\mathrm{b}}) \ldots \; 2\,a'\,V_1 + b\,V_2 = -\sin \rho/2\,(\cos \rho + 1)\left(\mathfrak{B}_i + \frac{2\,t_i}{n}\,\mathfrak{T}\right) +$$

$$+ \cos \rho/2 \cdot \sin \rho \left(\mathfrak{B}_i' + \frac{2\,t_i'}{n}\,\mathfrak{T}\right) - \sin \frac{\rho}{2} \int_0^1 \frac{M_{0\,0}^{(0)} - M_{0(12)}^{(0)}}{2} \cdot M_i\,\frac{ds}{E\,I}\,.$$

$$b\,V_5 + 2\,V_6 \left\{ \frac{1}{2} \cdot \sin^2 \rho/2\,[M_i,\ M_i] + \frac{1}{2} \cdot \frac{s_i}{E\,F_i} + \right.$$

$$\left. + \frac{3}{2} \cdot \cos^2 \rho/2\,([\mathfrak{M}_i,\ \mathfrak{M}_i] + [W_i,\ W_i]) \right\} =$$

$$= -\sin \rho/2 \cdot \cos 5\,\rho \left(\mathfrak{B}_i + \frac{2\,t_i}{n}\,\mathfrak{S}\right) + \cos \rho/2\,(1 - \sin 5\,\rho)\left(\mathfrak{B}_i' + \frac{2\,t_i'}{n}\,\mathfrak{T}\right).$$

Achtet man noch auf die Beziehung

$$\mathfrak{T} = \sum_{m=1}^{m=n-1} L_m \cdot \sin(m\,\rho) = \left\{ \sin 1\,\rho\,(V_2 - V_1) + \sin 2\,\rho\,(V_3 - V_2) + \right.$$

$$\left. + \sin 3\,\rho\,(V_4 - V_3) + \sin 4\,\rho\,(V_5 - V_4) + \sin 5\,\rho\,(V_6 - V_5) - V_6 \right\} 2 \cdot \cos \frac{\rho}{2}\,,$$

so erkennt man wiederum, daß die Werte V ganz unabhängig von den Werten U ermittelt werden können. Sind alle Größen U und V bestimmt, so lassen sich schrittweise die Widerstände H, K und L errechnen, und hiermit ist die Aufgabe gelöst.

γ) Erweitertes Verfahren bei mehrfachen Zwischenringen.

Es bleibt uns nur den Fall einer durch mehrere Zwischenringe versteiften Rippenkuppel zu behandeln übrig. Die Gleichungen der inneren Spannkräfte gestalten sich jetzt folgendermaßen:

$$88) \ldots \; X_m = X_m^{(0)} - 2\,\frac{\alpha}{n}\sum_{i=a}^{i=r} \mathfrak{S}_i\,Y_i + \frac{2}{n} \cdot \cos(m\,\rho)\sum_{i=a}^{i=r}\mathfrak{T}_i\,\frac{(X_i - Z_i + \alpha\,\psi\,Y_i)}{1+\psi}\,,$$

$$Y_m = Y_m^{(0)} - \frac{2}{n}\sum_{i=a}^{i=r} \mathfrak{S}_i\,Y_i + \frac{2}{n} \cdot \cos(m\,\rho)\sum_{i=a}^{i=r}\mathfrak{T}_i\,Y_i\,,$$

$$Z_m = Z_m^{(0)} + \frac{2}{n} \cdot \sin(m\,\rho)\,\frac{\psi}{1+\psi}\sum_{i=a}^{i=r}\mathfrak{T}_i\,(\alpha_i - Z_i,)\,,$$

$$M_m = M_m^{(0)} + \sum_{i=a}^{i=r} M_i \cdot K_{i\,m} + \frac{2}{n}\,(\alpha\,y - x)\sum_{i=a}^{i=r}\mathfrak{S}_i\,Y_i +$$

$$+ \frac{2}{n} \cdot \cos(m\,\rho)\left\{ x\sum_{i=a}^{i=r}\mathfrak{T}_i\,Y_i - y\sum_{i=a}^{i=r}\frac{(X_i - Z_i + \alpha\,\psi\,Y_i)}{1+\psi}\,\mathfrak{T}_i \right\}\,,$$

$$\mathfrak{M}_m = \mathfrak{M}_m^{(0)} + \frac{2}{n} \cdot \sin(m\,\rho)\,\frac{u\,\psi}{1+\psi}\sum_{i=a}^{i=r}\mathfrak{T}_i\,(\alpha - Z_i)\,,$$

$$W_m = W_m^{(0)} + \frac{2}{n} \cdot \sin(m\,\rho)\,\frac{v\,\psi}{1+\psi}\sum_{i=a}^{i=r}\mathfrak{T}_i\,(\alpha_i - Z_i)\,,$$

Wir ersetzen wie im 2. Abschnitt die Größen H_{im} durch gleichwertige Kräftegruppen $\overline{H}_{im}$, und zwar derartig, daß die Bedingungen

$$89) \qquad \begin{cases} H_{am} = \sum_{k=a}^{k=r} \vartheta_{ak} \cdot H_{km}, \\[2ex] H_{bm} = \sum_{k=b}^{k=r} \vartheta_{bk} \cdot H_{km}, \\[2ex] H_{cm} = \sum_{k=c}^{k=r} \vartheta_{ck} \cdot H_{km}, \\[2ex] \cdots \cdots \cdots \\[2ex] H_{im} = \sum_{k=i}^{k=r} \vartheta_{ik} \cdot H_{km} \end{cases}$$

erfüllt werden. Die Beizahlen ϑ sind hierbei mit den entsprechenden, durch die Gleichung 35 definierten Zahlen ϑ der früheren Untersuchung identisch, es ist daher auch

$$90) \qquad \sum_{i=a}^{i=r} M_i H_{im} = \sum_{i=a}^{i=r} \overline{M}_i \overline{H}_{im},$$

und allgemein

$$91) \qquad \int_0^l \overline{M}_i \overline{M}_k \frac{ds}{EI} = 0.$$

Wir ordnen wiederum die Größen H in die zwei Gruppen:

$$92) \qquad \overline{U}_{im} = \frac{1}{2} \overline{H}_{im} + \overline{H}_{i(n+1-m)}, \quad \overline{V}_{im} = \frac{1}{2}(\overline{H}_{im} - \overline{H}_{i(n+1-m)}),$$

und erhalten:

$$93) \qquad \begin{cases} \sum_{i=a}^{i=r} M_i K_{im} = \sin\frac{\rho}{2} \sum_{i=a}^{i=r} \overline{M}_i [\overline{U}_{i(m+1)} + \overline{U}_{i(m)} + \overline{V}_{i(m+1)} + \overline{V}_{i(m)}]. \\[2ex] \sum_{i=a}^{i=r} M_i K_{i(n+1-m)} = \sin\frac{\rho}{2} \sum_{i=a}^{i=r} \overline{M}_i [\overline{U}_{i(m+1)} + \\[2ex] \qquad\qquad\qquad\qquad + \overline{U}_{i(m)} - \overline{V}_{i(m+1)} - \overline{V}_{i(m)}]. \end{cases}$$

Ist außerdem die Bedingung

$$\frac{[\overline{M}_i \overline{M}_k]}{[\overline{M}_i, \overline{M}_i]} = \frac{[\mathfrak{M}_i, \mathfrak{M}_k] + [W_i, W_k]}{[\mathfrak{M}_i, \mathfrak{M}_i] + [W_i, W_i]}$$

erfüllt[1]), so wird auch

---

[1]) Diese Bedingung ist zur Lösung der Aufgabe nicht erforderlich, sie trägt aber zu einer wesentlichen Vereinfachung der Untersuchung bei.

$$93^{\mathrm{a}})\ldots\left\{\begin{aligned}
&\sum_{i=a}^{i=r}\mathfrak{M}_i\cdot L_{im}=\cos\frac{\rho}{2}\sum_{i=a}^{i=r}\overline{\mathfrak{M}}_i\,[\overline{U}_{i(m+1)}-\overline{U}_{i(m)}+\overline{V}_{i(m+1)}-\overline{V}_{i(m)}],\\
&\sum_{i=a}^{i=r}\mathfrak{M}_i\cdot L_{i(n+1-m)}=-\cos\frac{\rho}{2}\sum_{i=a}^{i=r}\overline{\mathfrak{M}}_i\,[\overline{U}_{i(m+1)}-\\
&\hspace{8cm}-\overline{U}_{i(m)}-\overline{V}_{i(m+1)}+\overline{V}_{i(m)}],\\
&\sum_{i=a}^{i=r}W_i\cdot L_{im}=\cos\frac{\rho}{2}\sum_{i=a}^{i=r}\overline{W}_i\,[\overline{U}_{i(m+1)}-\overline{U}_{i(m)}+\overline{V}_{i(m+1)}-\overline{V}_{i(m)}],\\
&\sum_{i=a}^{i=r}W_i\cdot L_{i(n+1-m)}=-\cos\frac{\rho}{2}\sum_{i=a}^{i=r}W_i\,[\overline{U}_{i(m+1)}-\\
&\hspace{8cm}\overline{U}_{i(m)}-\overline{V}_{i(m+1)}+\overline{V}_{i(m)}].
\end{aligned}\right.$$

Hierbei ist wieder:

$$\int_0^l\overline{\mathfrak{M}}_i\,\overline{\mathfrak{M}}_k\,\frac{ds}{E\,I'}+\int_0^l\overline{W}_i\,\overline{W}_k\,\frac{ds}{G\,I_p}=0.$$

Führt man diese Werte in die Gleichung 88 ein und ersetzt man zugleich in den Summenausdrücken die Größen X_i, Y_i, Z_i, $\mathfrak{S}_i$; $\mathfrak{T}_i$ durch die entsprechenden Werte $\overline{X}_i$, $\overline{Y}_i$, $\overline{Z}_i$, $\overline{\mathfrak{S}}_i$, $\overline{\mathfrak{T}}_i$, so unterscheiden sich die neuen Gleichungen von den Gleichungen 80 und 83 nur dadurch, daß die Größen $\overline{U}$, $\overline{V}$, $\overline{M}_i$, $\overline{\mathfrak{M}}_i$, $\overline{W}_i$ an Stelle der Größen U, V, M_i, $\mathfrak{M}_i$, W_i und die Doppelsummen $\sum_{i=a}^{i=r}\overline{\mathfrak{S}}_i$, $\sum_{i=a}^{i=r}\overline{\mathfrak{T}}_i$ an Stelle der einfachen Summen erscheinen. Die Elastizitätsgleichungen der Werte U und V lassen sich ohne weiteres auf die Werte $\overline{U}$ und $\overline{V}$ übertragen. Es ergibt sich beispielsweise aus Gleichung 85:

$$94)\ldots\quad 2\,\overline{a}_i\,\overline{U}_{i4}+\overline{b}_i(\overline{U}_{i3}+\overline{U}_{i5})=\frac{2}{n}\cdot\sin\frac{\rho}{2}\,\overline{Y}_i\left(B_{xx}^{(0)}-2\gamma\sum_{i=a}^{i=r}\overline{\mathfrak{S}}_i\,\overline{Y}_i\right),$$

und analog aus Gleichung 87:

$$95)\ldots\left\{\begin{aligned}
&2\,\overline{a}_i\,\overline{V}_{i4}+\overline{b}_i(\overline{V}_{i3}+\overline{V}_{i5})=-\sin\frac{\rho}{2}\,(\cos 3\rho+\cos 4\rho)\left(\overline{\mathfrak{B}}_i+\frac{2}{n}t_i\overline{\mathfrak{T}}\right)-\\
&\hspace{3cm}-\cos\frac{\rho}{2}\,(\sin 3\rho-\sin 4\rho)\left(\overline{\mathfrak{B}}'_i+\frac{2}{n}t'_i\overline{\mathfrak{T}}\right).
\end{aligned}\right.$$

Die Beizahlen $\overline{a}_i$, $\overline{b}_i$ genügen, wenn man von der Formänderung der Zwischenringe absieht, den Gleichungen:

$$\overline{a}_i=\sin^2\frac{\rho}{2}\,[\overline{M}_i,\overline{M}_i]+\cos^2\frac{\rho}{2}\left\{[\overline{\mathfrak{M}}_i,\overline{\mathfrak{M}}_i]+[\overline{W}_i,\overline{W}_i]\right\},$$

$$\overline{b}_i=\sin^2\frac{\rho}{2}\,[\overline{M}_i,\overline{M}_i]-\cos^2\frac{\rho}{2}\left\{[\overline{\mathfrak{M}}_i,\overline{\mathfrak{M}}_i]+[\overline{W}_i,\overline{W}_i]\right\},$$

und es ist ferner:

$$\mathfrak{B}_i = \int_0^l \frac{M_0^{(0)} - M_{12}^{(0)}}{2} (y\, X_i - x\, Y_i)\, \frac{ds}{E\,I}, \quad \mathfrak{B}_i' = Z_i \int_0^l \frac{M_0^{(0)} - M_{12}^{(0)}}{2} \cdot y\, \frac{ds}{E\,I},$$

$$t_i\,\mathfrak{T} = [x,\, y\,X_i - x\,\overline{Y}_i] \sum_{i=a}^{i=r} \mathfrak{T}_i\, Y_i - [y,\, y\,X_i - x\,\overline{Y}_i] \sum_{i=a}^{i=r} \mathfrak{T}_i\, \frac{(X_i - Z_i + \alpha\,\psi\,Y_i)}{1 + \psi},$$

$$t_i'\,\mathfrak{T} = [x,\, y\,Z_i] \sum_{i=a}^{i=r} \mathfrak{T}_i\, Y_i - [y^2 \cdot \overline{Z}_i] \sum_{i=a}^{i=r} \mathfrak{T}_i\, \left(\frac{X_i - Z_i + \alpha\,\psi\,Y_i}{1 + \psi} \right).$$

Mit Hilfe dieser Elastizitätsgleichungen lassen sich alle Widerstände des Zwischenringes (i) als Funktionen der äußeren Belastung (P) und der Summen

$$\sum_{i=a}^{i=r} \mathfrak{S}_i\, Y_i, \quad \sum_{i=a}^{i=r} \mathfrak{T}_i\, Y_i, \quad \sum_{i=a}^{i=r} \mathfrak{T}_i\, \frac{(X_i - Z_i + \alpha\,\psi\,Y_i)}{1 + \psi}$$

darstellen. Für die ite Gruppe erhält man beispielsweise

$$U_{im} = \varphi_{im}^{(u)}(P) + \Phi_{im}^{(u)}(\mathfrak{S}), \quad V_{im} = \varphi_{im}^{(v)}(P) + \Phi_{im}^{(v)}(\mathfrak{T}).$$

Die Auflösung dieser Gleichungen liefert:

$$H_{i(n+1-m)} + H_{im} = \varphi_{im}^{(u)}(P) + \Phi_{im}^{(u)}(\mathfrak{S}),$$

$$\mathfrak{S}_i = \sin\frac{\rho}{2} \sum_{m=1}^{m=n/2} U_{im} = \sin\frac{\rho}{2} \sum_{m=1}^{m=n/2} [\varphi_{im}^{(u)}(P) + \Phi_{im}^{(u)}(\mathfrak{S})].$$

$$H_{im} - H_{i(n+1-m)} = \varphi_{im}^{(v)}(P) + \Phi_{im}^{(v)}(\mathfrak{T}),$$

$$\mathfrak{T}_i = \sum_{m=1}^{m=n-1} L_{im} \cdot \sin(m\,\rho) = 2\cos\rho/2 \sum_{m=1}^{m=n/2} (H_{i(m)} - H_{i(n+1-m)}) [\sin(m-1)\rho - \sin(m\,\rho)],$$

$$\mathfrak{T}_i = 2\cos\rho/2 \sum_{m=1}^{m=n-1} [\sin(m-1)\rho - \sin(m\,\rho)] [\varphi_{im}^{(v)}(P) + \Phi_{im}^{(v)}(\mathfrak{T})].$$

Mit Hilfe dieser Formeln lassen sich auch die Summen

$$\sum_{i=a}^{i=r} \mathfrak{S}_i\, Y_i, \quad \sum_{i=a}^{i=r} \mathfrak{T}_i\, Y_i, \quad \sum_{i=a}^{i=r} \mathfrak{T}_i\, \frac{(X_i - Z_i + \alpha\,\psi\,Y_i)}{1 + \psi}$$

bilden und als Funktionen der Werte $\varphi^{(u)}(P)$ und $\varphi^{(v)}(P)$ errechnen. Sobald diese Summen ermittelt sind, kann man die einzelnen Werte $\overline{U}_i$, $\overline{V}_i$, $\overline{H}_i$ bestimmen und sodann schließlich den Spannungszustand im ganzen Tragwerk feststellen.

Die Durchführung einer solchen Untersuchung erfordert natürlich einen nicht geringen Arbeitsaufwand.

Vergegenwärtigt man sich aber, wie mühsam die Berechnung von ebenen Pfostenfachwerken ist, so wird man vielleicht die Schwierigkeiten, welche die Behandlung räumlicher strebenloser Gebilde bietet, zu würdigen verstehen und daher den in diesen Studien eingeschlagenen Weg als einen immerhin gut gangbaren bezeichnen müssen.

Der Schlußring.

Den vorstehenden Untersuchungen liegt die Annahme zugrunde, daß der Scheitelring derartig gestaltet und bemessen ist, daß er im Vergleich zu den übrigen Gliedern des Fachwerkes als starre Scheibe aufgefaßt werden darf. Obgleich die Erfüllung dieser Voraussetzung in baulicher Hinsicht meistens keine Schwierigkeit bietet, erscheint es doch mit Rücksicht auf eine einwandsfreie Beurteilung der Sicherheit des Tragwerkes geboten, die tatsächliche Formänderung des Kopfringes zu untersuchen und ihren Einfluß auf das innere Kräftespiel im ganzen Gebilde zu prüfen. Um diese Aufgabe zu lösen, muß man aber zuerst die Beanspruchung des Scheitelringes klarstellen.

In den nachstehenden Untersuchungen wird daher zunächst die statische Berechnung eines geschlossenen Stabzuges erörtert und sodann die Rückwirkung der elastischen Nachgiebigkeit des Kopfringes auf die Verteilung der äußeren und inneren Widerstände im Fachwerk eingehend untersucht.

1. Allgemeine Untersuchung eines geschlossenen Ringes.

Der gelenklose ebene Ring ist im allgemeinen bei räumlichem Kraftangriff innerlich sechsfach statisch unbestimmt. Die Spannungen, welche in einem unter dem Winkel φ gegen die Mittelachse durchgeführten Querschnitt entstehen, lassen sich, wie Abb. 34 zeigt, durch sechs Kraftgrößen, X_φ, Y_φ, Z_φ, ξ_φ, η_φ, ζ_φ darstellen. Hierin bedeuten X_φ und Y_φ Querkräfte, ξ_φ und η_φ Biegungsmomente, während unter Z_φ eine Achsialkraft und unter ζ_φ ein Verwindungsmoment zu verstehen sind.

Die Kräfte X, Y, Z bilden ein rechtwinkliges Achsenkreuz, dessen Ursprung mit dem Querschnittsschwerpunkt zusammenfällt, die X- und Z-Achsen liegen in der Ringebene und stimmen mit der Normalen bzw. der Tangente zur Ringmittellinie überein, die Y-Achse hingegen ist senkrecht zur Ringebene gerichtet. Der positive Wirkungssinn dieser Kraftgrößen ist durch die Pfeilspitzen gekennzeichnet.

Die Kräftepaare ξ_φ, η_φ und ζ_φ werden durch die entsprechenden Drehachsen X, Y, Z als achsiale Vektore mit doppelt gefiederten Pfeilen

veranschaulicht, und zwar wird der Drehungssinn als positiv angesehen, wenn er einem auf die Pfeilspitze zielenden Auge dem Drehungssinn des Uhrzeigers entgegengesetzt erscheint.

Um die statische Unbestimmtheit zu beseitigen, denke man sich
einen lotrechten Schnitt in Richtung der Hauptrippen an der mit o

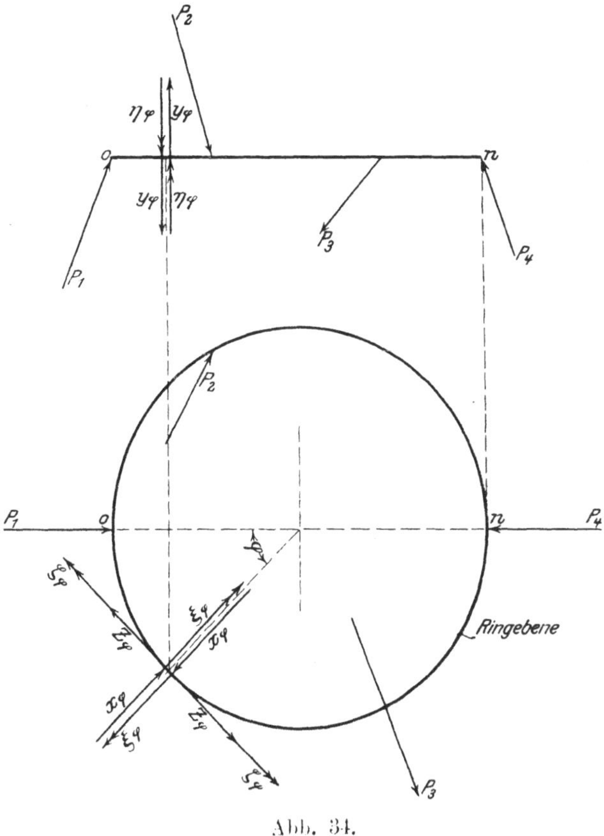

Abb. 34.

bezeichneten Stelle durchgeführt (Abb. 35) und den Ring in dieser
Weise in einen einfachen Freiträger verwandelt. Die im Gleichgewicht
befindlichen äußeren Kräfte rufen in diesem statisch bestimmten Ge-
bilde Spannkräfte, welche durch die Größen $X_{0\varphi}$, $Y_{0\varphi}$, $Z_{0\varphi}$, $\xi_{0\varphi}$, $\eta_{0\varphi}$, $\zeta_{0\varphi}$
dargestellt werden mögen, hervor. Soll nun der im geschlossenen Ring
vorhandene wirkliche Spannungszustand aufrecht erhalten werden, so
müssen die in der Schnittfuge auftretenden inneren Widerstände dem
stellvertretenden Gebilde als statisch unbestimmte Größen zugefügt
werden. Hierzu seien die in der Abb. 36 eingetragenen Kräfte X, Y, Z
und Kräftepaar ξ, η, ζ gewählt. Der Angriffspunkt dieser Spannkräfte

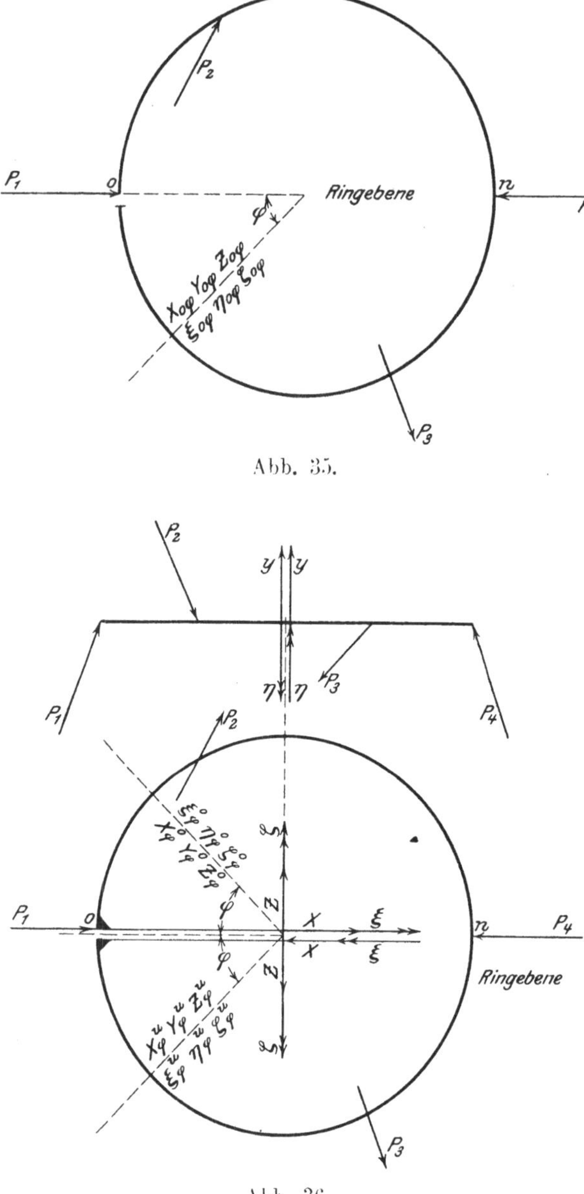

Abb. 35.

Abb. 36.

fällt mit dem Ringmittelpunkt zusammen und ist durch starre Scheiben an die beiden Seiten der Schnittstelle angeschlossen.

Faßt man alle Einflüsse zusammen, so lauten die Gleichungen des endgültigen Spannungszustandes:

$$94) \ldots \begin{cases} X_\varphi^0 = X_{0\varphi}^0 + X \cos\varphi - Z \sin\varphi ; & X_\varphi^u = X_{0\varphi}^u + X \cos\varphi + Z \sin\varphi ; \\ Z_\varphi^0 = Z_{0\varphi}^0 + X \sin\varphi + Z \cos\varphi ; & Z_\varphi^u = Z_{0\varphi}^u - X \sin\varphi + Z \cos\varphi ; \\ Y_\varphi^0 = Y_{0\varphi}^0 + Y ; & Y_\varphi^u = Y_{0\varphi}^u + Y . - \end{cases}$$

$$\xi_\varphi^0 = \xi_{0\varphi}^0 + \xi \cos\varphi - \zeta \sin\varphi ; \quad \xi_\varphi^u = \xi_{0\varphi}^u + \xi \cos\varphi + \zeta \sin\varphi ;$$

$$\zeta_\varphi^0 = \zeta_{0\varphi}^0 + \xi \sin\varphi + \zeta \cos\varphi + r\,Y ; \quad \zeta_\varphi^u = \zeta_{0\varphi}^u - \xi \sin\varphi + $$
$$+ \zeta \cos\varphi + r\,Y ;$$

$$\eta_\varphi^0 = \eta_{0\varphi}^u + \eta - r\,(X \sin\varphi + Z \cos\varphi) ; \quad \eta_\varphi^u = \eta_{0\varphi}^u + \eta + $$
$$+ r\,(X \sin\varphi - Z \cos\varphi) . -$$

Durch die Zeiger o und u werden hierbei die obere bzw. die untere Ringhälfte angedeutet.

Bezeichnet man mit I_x und I_y die äquatorialen Trägheitsmomente in bezug auf die entsprechenden X_φ und Y_φ-Achsen, mit I_z eine Art auf die Z_φ-Achse bezogenen polaren Trägheitsmomentes des Ringquerschnittes, so stehen zur Bestimmung der Größen $X, Y, Z, \xi, \eta, \zeta$ die sechs folgenden Elastizitätsbedingungen zur Verfügung[1]).

$$95) \ldots \begin{cases} \int \xi_\varphi \cdot \dfrac{\partial \xi_\varphi}{\partial X} \cdot \dfrac{ds}{EI_x} + \int \eta_\varphi \cdot \dfrac{\partial \eta_\varphi}{\partial X} \cdot \dfrac{ds}{EI_y} + \int \zeta_\varphi \cdot \dfrac{\partial \zeta_\varphi}{\partial X} \cdot \dfrac{ds}{GI_z} = 0 \\[1.5em] \int \xi_\varphi \cdot \dfrac{\partial \xi_\varphi}{\partial Y} \cdot \dfrac{ds}{EI_x} + \int \eta_\varphi \cdot \dfrac{\partial \eta_\varphi}{\partial Y} \cdot \dfrac{ds}{EI_y} + \int \zeta_\varphi \cdot \dfrac{\partial \zeta_\varphi}{\partial Y} \cdot \dfrac{ds}{GI_z} = 0 \\[1.5em] \int \xi_\varphi \cdot \dfrac{\partial \xi_\varphi}{\partial Z} \cdot \dfrac{ds}{EI_x} + \int \eta_\varphi \cdot \dfrac{\partial \eta_\varphi}{\partial Z} \cdot \dfrac{ds}{EI_y} + \int \zeta_\varphi \cdot \dfrac{\partial \zeta_\varphi}{\partial Z} \cdot \dfrac{ds}{GI_z} = 0 \\[1.5em] \int \xi_\varphi \cdot \dfrac{\partial \xi_\varphi}{\partial \xi} \cdot \dfrac{ds}{EI_x} + \int \eta_\varphi \cdot \dfrac{\partial \eta_\varphi}{\partial \xi} \cdot \dfrac{ds}{EI_y} + \int \zeta_\varphi \cdot \dfrac{\partial \zeta_\varphi}{\partial \xi} \cdot \dfrac{ds}{GI_z} = 0 \\[1.5em] \int \xi_\varphi \cdot \dfrac{\partial \xi_\varphi}{\partial \eta} \cdot \dfrac{ds}{EI_x} + \int \eta_\varphi \cdot \dfrac{\partial \eta_\varphi}{\partial \eta} \cdot \dfrac{ds}{EI_y} + \int \zeta_\varphi \cdot \dfrac{\partial \zeta_\varphi}{\partial \eta} \cdot \dfrac{ds}{GI_z} = 0 \\[1.5em] \int \xi_\varphi \cdot \dfrac{\partial \xi_\varphi}{\partial \zeta} \cdot \dfrac{ds}{EI_x} + \int \eta_\varphi \cdot \dfrac{\partial \eta_\varphi}{\partial \zeta} \cdot \dfrac{ds}{EI_y} + \int \zeta_\varphi \cdot \dfrac{\partial \zeta_\varphi}{\partial \zeta} \cdot \dfrac{ds}{GI_z} = 0 \end{cases}$$

Die Entwicklung dieser Gleichungen liefert:

---

[1]) In diesen Gleichungen ist nur der Einfluß der Biegungs- und Verwindungsmomente zum Ausdruck gebracht. Der Beitrag der Achsial- und Querkräfte zur Formänderungsarbeit ist meistens belanglos und daher außer acht gelassen. Eine allgemeine Ableitung und Auflösung der Elastizitätsgleichungen, unter Berücksichtigung dieser Kräfte und genauer Beachtung des Wärmezustandes, ist vom Verfasser für beliebig gestaltete Ringe in seinem „Abriß einer allgemeinen Theorie des eingespannten Trägers mit räumlich gewundener Mittellinie" (Zeitschrift für Bauwesen, 1914, Heft I—IV) gegeben.

$$96)\ldots \begin{cases} \displaystyle\int_0^{\pi}(\eta_{\varphi}^0-\eta_{\varphi}^{\mathrm{u}})\sin\varphi\cdot\frac{d\varphi}{E\,I_y}=0\,;\quad \int_0^{\pi}(\zeta_{\varphi}^{\mathrm{u}}+\zeta_{\varphi}^0)\frac{d\varphi}{G\,I_z}=0\,; \\[2em] \displaystyle\int_0^{\pi}(\eta_{\varphi}^0+\eta_{\varphi}^{\mathrm{u}})\cos\varphi\cdot\frac{d\varphi}{E\,I_y}=0\,; \\[2em] \displaystyle\int_0^{\pi}(\xi_{\varphi}^0+\xi_{\varphi}^{\mathrm{u}})\cos\varphi\cdot\frac{d\varphi}{E\,I_x}+\int_0^{\pi}(\zeta_{\varphi}^0-\zeta_{\varphi}^{\mathrm{u}})\sin\varphi\cdot\frac{d\varphi}{G\,I_z}=0\,; \\[2em] \displaystyle\int_0^{\pi}(\zeta_{\varphi}^0+\zeta_{\varphi}^{\mathrm{u}})\cos\varphi\cdot\frac{d\varphi}{G\,I_z}-\int_0^{\pi}(\xi_{\varphi}^0-\xi_{\varphi}^{\mathrm{u}})\sin\varphi\cdot\frac{d\varphi}{E\,I_x}=0\,; \\[2em] \displaystyle\int_0^{\pi}(\eta_{\varphi}^0+\eta_{\varphi}^{\mathrm{u}})\frac{d\varphi}{E\,I_z}=0 \end{cases}$$

oder in anderer Gestalt:

$$97)\ldots \begin{cases} \displaystyle X=\frac{1}{r\,\pi}\int_0^{\pi}(\eta_{0\,\varphi}^0-\eta_{0\,\varphi}^{\mathrm{u}})\sin\varphi\,d\varphi\,; \\[2em] \displaystyle Y=-\frac{1}{2\,r\,\pi}\int_0^{\pi}(\zeta_{0\,\varphi}^0+\zeta_{0\,\varphi}^{\mathrm{u}})\,d\varphi\,; \\[2em] \displaystyle Z=\frac{1}{r\,\pi}\int_0^{\pi}(\eta_{0\,\varphi}^0+\eta_{0\,\varphi}^{\mathrm{u}})\cos\varphi\cdot d\varphi\,; \\[2em] \displaystyle \xi=-\frac{1}{\pi\left(1+\dfrac{E\,I_x}{G\,I_z}\right)}\Bigg[\int_0^{\pi}(\xi_{0\,\varphi}^0+\xi_{0\,\varphi}^{\mathrm{u}})\cos\varphi\,d\varphi \\ \displaystyle \qquad\qquad\qquad\qquad +\frac{E\,I_x}{G\,I_z}\int_0^{\pi}(\zeta_{0\,\varphi}^0-\zeta_{0\,\varphi}^{\mathrm{u}})\sin\varphi\,d\varphi\Bigg]\,; \\[2em] \displaystyle \eta=-\frac{1}{2\,\pi}\cdot\int_0^{\pi}(\eta_{0\,\varphi}^0+\eta_{0\,\varphi}^{\mathrm{u}})\,d\varphi\,; \\[2em] \displaystyle \zeta=-\frac{1}{\pi\left(1+\dfrac{E\,I_x}{G\,I_z}\right)}\Bigg[\frac{E\,I_x}{G\,I_x}\int_0^{\pi}(\zeta_{0\,\varphi}^0+\zeta_{0\,\varphi}^{\mathrm{u}})\cos\varphi\,d\varphi \\ \displaystyle \qquad\qquad -\int_0^{\pi}(\xi_{0\,\varphi}^0-\xi_{0\,\varphi}^{\mathrm{u}})\sin\varphi\cdot d\varphi\Bigg]\,; \end{cases}$$

Nach diesen Formeln kann man sofort die Größen X. Y, Z, ξ, η, ζ errechnen und somit den wirklichen Spannungszustand feststellen.

Der Schlußring unseres Fachwerkes ist hinsichtlich der Ebene der Hauptrippen symmetrisch belastet. Es darf daher

$$\xi_{0\,\varphi}^0 = \xi_{0\,\varphi}^{u}, \quad \eta_{0\,\varphi}^0 = \eta_{0\,\varphi}^{u}, \quad \zeta_{0\,\varphi}^0 = -\zeta_{0\,\varphi}^{u}$$

gesetzt werden, die Elastizitätsgleichungen gehen dann über in:

$$98)\ldots\ \begin{cases} X = Y = \zeta = 0 \\[2ex] \xi = -\dfrac{2}{\pi\left(1 + \dfrac{E\,I_x}{G\,I_z}\right)}\left[\displaystyle\int_0^{\pi}\xi_{0\,\varphi}\cdot\cos\varphi\,d\varphi + \dfrac{E\,I_x}{G\,I_z}\int_0^{\pi}\zeta_{0\,\varphi}\cdot\sin\varphi\,d\varphi\right]; \\[3ex] \eta = -\dfrac{1}{\pi}\cdot\displaystyle\int_0^{\pi}\eta_{0\,\varphi}\cdot d\varphi; \\[3ex] Z = -\dfrac{2}{r\,\pi}\displaystyle\int_0^{\pi}\eta_{0\,\varphi}\cdot\cos\varphi\,d\varphi. \end{cases}$$

Diese Gleichungen sind so einfach, daß es sich wohl erübrigt, ihre Vorzüge zu beleuchten.

Bevor wir die Anwendung dieser Formeln auf unser Tragwerk erläutern, muß zunächst hervorgehoben werden, daß die in den bisherigen Abschnitten unter der Voraussetzung eines starren Scheitelringes ermittelten Stützenwiderstände X_m, Y_m und Z_m und Ringwiderstände K_m und L_m die Größtwerte, welche überhaupt für die Belastung des Schlußringes in Betracht kommen, darstellen. Es kann daher für die Sicherheit des Fachwerkes nur von günstigem Einfluß sein, wenn diese Grenzwerte bei der Untersuchung der Ringbeanspruchung und Ringformänderung in Rechnung gesetzt werden.

2. Ermittelung der Belastung und der Beanspruchung des Scheitelringes.

Um eine einfachere und übersichtlichere Entwicklung aller Beziehungen zu ermöglichen, werden wir uns im folgenden auf die unversteifte Rippenkuppel beschränken und, nebst der äußeren Belastung, nur die Stützenwiderstände X_m, Y_m und Z_m in Betracht ziehen: die sinngemäße Erweiterung des Verfahrens auf die Größen K_m und L_m bietet keine Schwierigkeiten und möge daher dem Leser überlassen werden.

Die Gleichungen der Auflagerkräfte der Nebenrippen lauten, wie auf S. 14 ersichtlich:

$$X_m = \frac{1}{n}\left[\frac{\alpha}{\gamma}B_{xx} - 2\left(\frac{A_{yy}}{1+\psi} + \alpha C_y\right)\cos(m\rho)\right],$$

$$Y_m = \frac{1}{n}\left[\frac{1}{\gamma}B_{xx} - 2C_y\cos(m\rho)\right],$$

$$Z_m = -\frac{2}{n}\cdot\frac{\psi}{1+\psi}\cdot A_{yy}\cdot\sin(m\rho).$$

Die Widerstände der Hauptrippen sind hingegen in Übereinstimmung mit den Gleichungen 6 durch die Formeln

$$X_{0_n} = X_{00_n} - \frac{n-1}{n}\cdot\frac{\alpha}{\gamma}B_{xx} \mp (\Omega_x' + \Omega_z'),$$

$$Y_{0_n} = Y_{00_n} - \frac{n-1}{n}\cdot\frac{1}{\gamma}B_{xx} \mp \Omega_y'$$

bestimmt: hierbei bezieht sich das obere Vorzeichen auf die Rippe o, das untere auf die Rippe n. Führt man in diese Ausdrücke die auf S. 13 für die Ω' ermittelten Gleichwerte

$$\Omega_y' = -\left(1 - \frac{2}{n}\right)C_y$$

$$\Omega_x' + \Omega_z' = -\frac{1}{1+\psi}\left[\left(1 - \frac{2}{n}\right)(C_x + \alpha\,\psi\,C_y) + \psi\,A_{yy}\right]$$

ein, und beachtet man insbesondere, daß auch

$$\Omega_x' + \Omega_z' = -C_x + \frac{2}{n}\left(\alpha\,C_y + \frac{A_{yy}}{1+\psi}\right)$$

ist, so ergibt sich:

$$X_{0_n} = \left(X_{00_n} - \frac{\alpha}{\gamma}\cdot B_{xx} \pm C_x\right) + \frac{1}{n}\left[\frac{\alpha}{\gamma}\cdot B_{xx} \mp 2\left(\alpha\,C_y + \frac{A_{yy}}{1+\psi}\right)\right],$$

$$Y_{0_n} = \left(Y_{00_n} - \frac{1}{\gamma}B_{xx} \pm C_y\right) + \frac{1}{n}\left[\frac{1}{\gamma}\cdot B_{xx} \mp 2C_y\right].$$

Vergleicht man diese Werte mit den entsprechenden Werten der Nebenrippen, so erkennt man, daß die in der eckigen Klammer eingeschlossenen Ausdrücke bei sämtlichen Stützpunkten dem **gleichen Bildungsgesetz** folgen und daß sich daher die äußeren Widerstände in die vier folgenden Gruppen teilen lassen:

α) Gruppe der zyklisch symmetrischen Kräfte.

Hierzu gehören die in allen Stützpunkten auftretenden gleichen Widerstände:

$$X_{0_n} = X_m = \frac{1}{n}\cdot\frac{\alpha}{\gamma}B_{xx}, \quad Y_{0_n} = Y_m = \frac{1}{n}\cdot\frac{1}{\gamma}B_{xx}.$$

β) Gruppe der vollsymmetrischen Kräfte.

Sie faßt diejenigen Kräfte, welche symmetrisch sowohl in bezug auf die Ebene der Hauptrippen (o, n) wie auf diejenige der Mittelrippen (k) verteilt sind und ist durch die Gleichungen:

$$X_{0_n} = -\frac{\alpha}{\gamma}\, B_{xx}, \quad Y_{0_n} = -\frac{1}{\gamma}\, B_{xx}$$

gekennzeichnet.

γ) Gruppe der halbsymmetrischen Kräfte.

In dieser Gruppe werden die Widerstände, welche bezüglich der Ebene der Mittelrippen (k) nur antisymmetrisch veränderlich sind, vereinigt. Die entsprechenden Gleichungen lauten:

$$X_m = -\frac{2}{n}\left(\alpha\, C_y + \frac{A_{yy}}{1+\psi}\right)\cos(m\rho),$$

$$Y_m = -\frac{2}{n}\cdot C_y \cdot \cos(m\rho)$$

$$Z_m = -\frac{2}{n}\cdot\frac{\psi}{1+\psi}\cdot A_{yy}\cdot\sin(m\rho).$$

$$X_{0_n} = \mp\frac{2}{n}\left(\alpha\, C_y + \frac{A_{yy}}{1+\psi} - \frac{n}{2}\, C_x\right)$$

$$Y_{0_n} = \mp\frac{2}{n}\left(C_y - \frac{n}{2}\cdot C_y\right).$$

δ) Belastungsgruppe des Hauptsystems.

Hierzu gehören außer den äußeren Kräften P nur die vier Widerstände X_{00}, X_{0n}, Y_{00}, Y_{0n}.

Der Einfluß dieser vier Gruppen wird im folgenden der Reihe nach untersucht.

1. Einfluß der zyklisch symmetrischen und vollsymmetrischen Kräfte.

Es seien zunächst die Widerstände

$$X_{0_n} = X_m = \frac{1}{n}\cdot\frac{\alpha}{\gamma}\, B_{xx}$$

in Betracht gezogen. Dieselben lassen sich durch eine auf dem Ringumfang gleichmäßig verteilte, radial gerichtete Belastung

$$p_r = \frac{n\, X_m}{r\,\pi} = \frac{\alpha}{\gamma}\,\frac{B_{xx}}{r\,\pi}$$

und durch ein entsprechendes Drehungsmoment von der Dichte

$$\mu_r = -f\, p_r = -f\cdot\frac{\alpha}{\gamma}\cdot\frac{B_{xx}}{r\,\pi}$$

ersetzen (Abb. 37). Die Belastung p_r ruft im ganzen Ring, wie es das Gleichgewicht von vornherein erfordert, die gleiche Achsialkraft

$$99^a)\ldots Z_\varphi = \int_0^{\pi/2} p_r \cdot \cos\varphi\, ds = r\, p_r = \frac{\alpha}{\gamma} \cdot \frac{B_{xx}}{\pi}$$

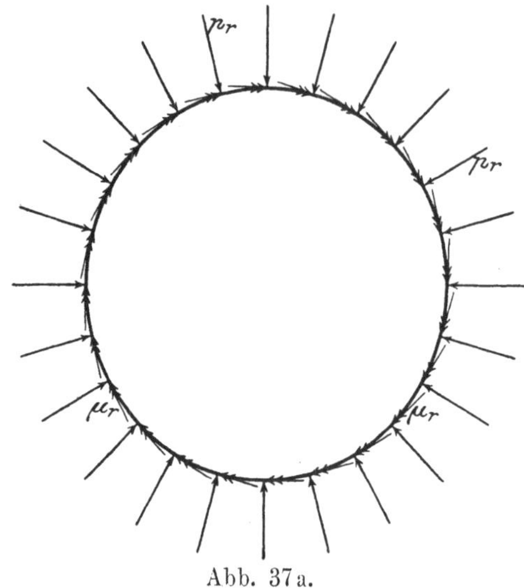

Abb. 37 a.

hervor, während durch das Drehungsmoment μ_r in allen Querschnitten das gleiche radiale Biegungsmoment

$$99^b)\ldots \xi_\varphi =$$

$$-\int_0^{\pi/2} \mu_r \cdot \sin\varphi\, ds =$$

$$-r\,\mu_r = +\, f \cdot \frac{\alpha}{\gamma} \cdot \frac{B_{xx}}{\pi}$$

erzeugt wird.

Um den Einfluß der Kräfte

$$Y_{0_n} = Y_m = \frac{1}{n}\frac{B_{xx}}{\gamma}$$

festzustellen, denke man sich wiederum dieselben durch eine auf dem Ringumfang gleichmäßig verteilte lotrechte Belastung

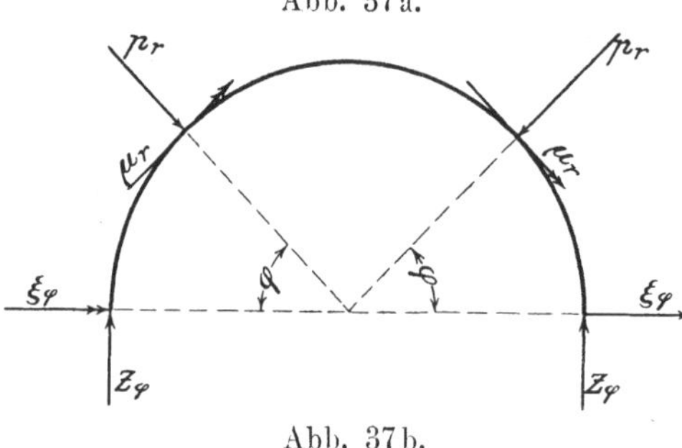

Abb. 37 b.

$$p_r = \frac{n\, Y_m}{r\,\pi} = \frac{B_{xx}}{r,\gamma\,\pi}$$

und durch ein gleichmäßiges Drehungsmoment von der Dichte

$$\mu_r = l\, p_r = \frac{l}{r} \cdot \frac{B_{xx}}{\gamma\,\pi}$$

ersetzt (Abb. 38): zur Aufrechterhaltung des Gleichgewichtes sind noch die an den Anschlußstellen der Hauptrippen auftretenden vollsymmetrischen Kräfte

$$X_{0_n} = -\frac{\alpha}{\gamma}B_{xx}, \quad Y_{0_n} = -\frac{l}{\gamma}B_{xx}$$

und Kräftepaare

$$S = \frac{B_{xx}}{\gamma}(1 - \alpha\, f)$$

hinzuzufügen.

Dem Drehungsmoment μ_r entspricht wie vorhin das unveränderliche radiale Biegungsmoment

$$99\,\mathrm{c}) \ldots \ \xi_\varphi = -\int_0^{\frac{\pi}{2}} \mu_r \cdot \sin\varphi\, ds = -\frac{1\,B_{xx}}{\gamma\,\pi}$$

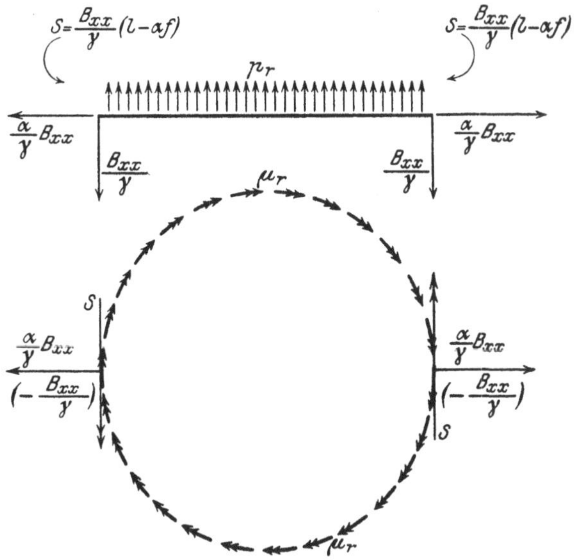

Abb. 38.

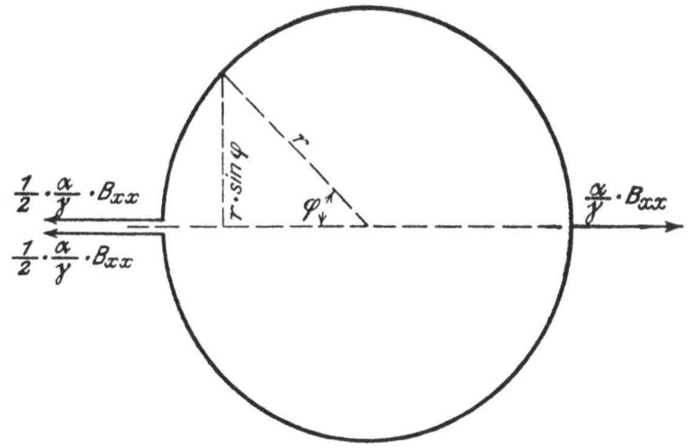

Abb. 38a.

Die Kräfte $X_{0\,n} = -\dfrac{\alpha}{\gamma}\,B_{xx}$ rufen im Hauptsystem, wie Abb. 38a zeigt, die Momente

$$\zeta_{0\,\varphi}^0 = \zeta_{0\,\varphi}^u = 0, \quad \eta_{0\,\varphi}^0 = \eta_{0\,\varphi}^u = \frac{1}{2}\cdot\frac{\alpha}{\gamma}\,B_{xx}\,r\sin\varphi, \quad \xi_{0\,\varphi}^0 = \xi_{0\,\varphi}^u = 0$$

hervor. Es ist daher in Übereinstimmung mit den Gleichungen 98:

$$\xi = 0, \quad Z = + \frac{2}{r\,\pi} \cdot \frac{\alpha}{\gamma} \cdot \frac{B_{xx}}{2} \int_0^\pi r \sin\varphi \cos\varphi \, d\varphi = 0,$$

$$\eta = -\frac{1}{\pi} \cdot \frac{1}{2} \frac{\alpha}{\gamma} B_{xx} \int_0^\pi r \sin\varphi \, d\varphi = -\frac{r\,B_{xx}}{\pi} \cdot \frac{\alpha}{\gamma},$$

und somit im ganzen:

$$99^{\mathrm{d}}) \ldots \xi_\varphi = \zeta_\varphi = 0, \quad \eta_\varphi = \frac{1}{2} \cdot \frac{\alpha}{\gamma} B_{xx} \cdot r \left(\sin\varphi - \frac{2}{\pi} \right).$$

In ähnlicher Weise entstehen im Hauptsystem unter der Wirkung der Kräftepaare S (Abb. 38b) die Momente:

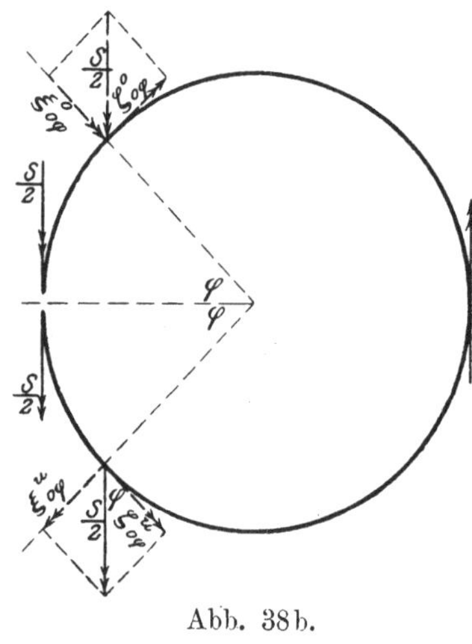

Abb. 38b.

$$\xi_{0\varphi}^0 = \xi_{0\varphi}^u = \frac{S}{2} \sin\varphi, \quad \eta_{0\varphi}^0 = \eta_{0\varphi}^u = 0,$$

$$\zeta_{0\varphi}^0 = -\zeta_{0\varphi}^u = -\frac{S}{2} \cos\varphi.$$

Die Gleichungen 98 liefern nun:
$$\xi = \eta = Z = 0.$$
Mithin auch:

$$99^{\mathrm{e}}) \ldots \xi_\varphi = \frac{S}{2} \cdot \sin\varphi =$$

$$\frac{1}{2} \cdot \frac{B_{xx}}{\gamma} (1 - \alpha\,f) \sin\varphi, \quad \eta_\varphi = 0,$$

$$\zeta_\varphi^0 = -\zeta_\varphi^u = -\frac{S}{2} \cdot \cos\varphi =$$

$$-\frac{1}{2} \cdot \frac{B_{xx}}{\gamma} (1 - \alpha\,f) \cos\varphi.$$

Durch die Belastung $p_r = \dfrac{B_{xx}}{\gamma\,r\,\pi}$ im Verein mit den Einzellasten

$$Y_0^n = -\frac{1}{\gamma} B_{xx} = -\pi\,r\,p_r$$ werden schließlich im Hauptsystem (Abb. 38c)

die Momente

$$\xi_{0\varphi}^0 = \xi_{0\varphi}^u = \frac{\pi}{2} \cdot r^2\,p_r \cdot \sin\varphi - \int_{\alpha=0}^{\alpha=\varphi} p_r\,r^2 \cdot \sin(\varphi - \alpha)\, d\alpha =$$

$$= -r^2\,p_r \left(1 - \cos\varphi - \frac{\pi}{2} \sin\varphi \right), \quad \eta_{0\varphi}^0 = \eta_{0\varphi}^u = 0,$$

$$\zeta_{0\varphi}^{0} = -\zeta_{0\varphi}^{u} = \frac{\pi}{2} \cdot r^2 p_r \cdot (1 - \cos\varphi) - \int_{a=0}^{a=\varphi} p_r \cdot r^2 [1 - \cos(\varphi - \alpha)]\, d\alpha =$$

$$= r^2 p_r \left[\frac{\pi}{2}(1 - \cos\varphi) - \varphi + \sin\varphi \right]$$

erzeugt. Auf Grund der Gleichung 98 ergibt sich somit:

$$\xi = -p_r \cdot r^2, \quad \eta = Z = 0,$$

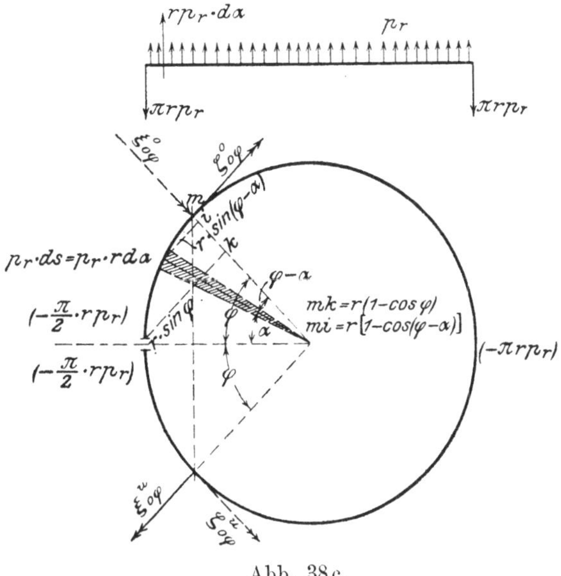

Abb. 38c.

oder für den endgültigen Spannungszustand:

$$\textbf{99 f)} \ldots \ \xi_\varphi^0 = \xi_\varphi^u = -r^2 p_r \left(1 - \frac{\pi}{2} \cdot \sin\varphi\right) =$$

$$= -\frac{B_{xx}}{\gamma\pi} \cdot r \left(1 - \frac{\pi}{2}\sin\varphi\right), \quad \eta_\varphi^0 = \eta_\varphi^u = 0,$$

$$\zeta_\varphi^0 = -\zeta_\varphi^u = r^2 p_r \left[\frac{\pi}{2}(1 - \cos\varphi) - \varphi\right] = \frac{B_{xx}}{\gamma\pi} r \left[\frac{\pi}{2}(1 - \cos\varphi) - \varphi\right].$$

Faßt man alle Gleichungen 99 zusammen, so gewinnt man die außerordentlich einfachen Formeln:

$$\textbf{100)} \ldots \begin{cases} \xi_\varphi^0 = \xi_\varphi^u = \dfrac{1}{2} \cdot \dfrac{B_{xx}}{\gamma}(1 + r - \alpha f)\left(\sin\varphi - \dfrac{2}{\pi}\right), \\[2ex] \eta_\varphi^0 = \eta_\varphi^u = \dfrac{1}{2} \cdot \alpha \dfrac{B_{xx}}{\gamma} r \left(\sin\varphi - \dfrac{2}{\pi}\right), \\[2ex] \zeta_\varphi^0 = -\zeta_\varphi^u = -\dfrac{1}{2} \cdot \dfrac{B_{xx}}{\gamma}\left[\cos\varphi\,(1 + r - \alpha f) - r\left(1 - \dfrac{2\varphi}{\pi}\right)\right]. \end{cases}$$

2. Einfluß der halbsymmetrischen Kräfte.

Wir betrachten zunächst die Kraftgruppe

$$Y_{0_n} = \pm\, C_y \left(1 - \frac{2}{n}\right), \quad Y_m = -\frac{2}{n}\, C_y \cos(m\,\rho).$$

An deren Statt sei eine stetige lotrechte Belastung

$$P_\varphi = p_0 \cos \varphi$$

mit den Widerständen

$$Y_{0_n} = \pm\, C_y$$

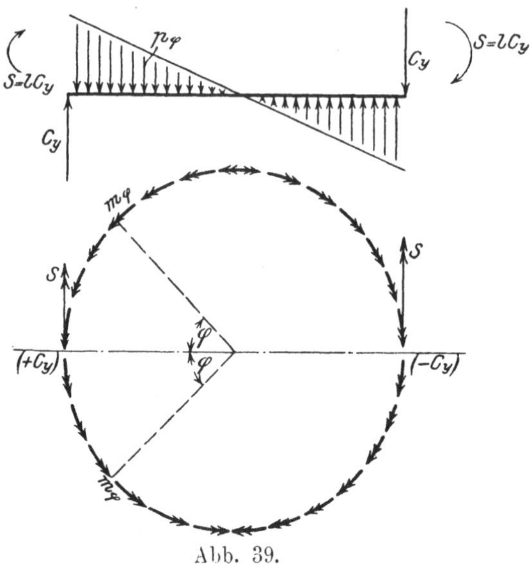

Abb. 39.

eingeführt (Abb. 39). Zur Bestimmung der Belastungsdichte p_0 dient die Gleichgewichtsbedingung:

$$2\,r \cdot \frac{C_y}{2} = 2\,r \cdot \frac{2}{n}\,C_y \sum_{\varphi=0}^{\varphi=\frac{\pi}{2}} \cos^2(\varphi) = 2\,r^2 \int_{\varphi=0}^{\varphi=\frac{\pi}{2}} P_\varphi \cos\varphi\, d\varphi =$$

$$= 2\,r^2 p_0 \int_{\varphi=0}^{\varphi=\frac{\pi}{2}} \cos^2\varphi\, d\varphi = r^2 p_0 \frac{\pi}{2}.$$

Es ist also:

$$\frac{1}{2} C_y = r\, p_0 \frac{\pi}{4},$$

oder:

$$p_0 = \frac{2}{\pi}\frac{C_y}{r}.$$

Da diese Belastung im Abstande l vom Ringumfang angreift, so wird noch ein längs der Ringmittellinie stetig verteiltes Drehungsmoment

$$m_\varphi = + l\,p_\varphi = + \frac{2}{\pi}\,\frac{C_y}{r}\,l\cos\varphi$$

nebst den in der Ebene der Hauptrippen wirkenden Momenten

$$S_{0_n} = \pm l\,C_y$$

hervorgerufen.

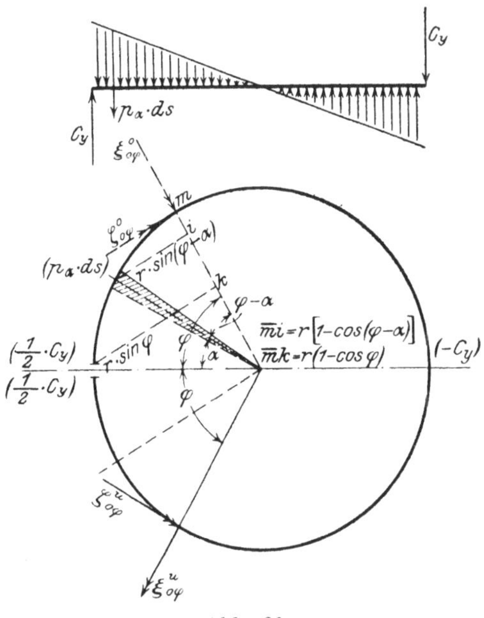

Abb. 39a.

. Unter dem unmittelbaren Einfluß der Belastung p_φ mit den zugehörigen Stützkräften $Y_n^0 = \pm C_y$ entstehen im Hauptsystem (Abb. 39a) die Momente:

$$\xi_{0\varphi}^0 = \xi_{0\varphi}^u = -\frac{1}{2}C_y \cdot r\sin\varphi + \int_{\alpha=0}^{\alpha=\varphi} p_\alpha \cdot r \cdot \sin(\varphi-\alpha)\,ds =$$

$$= -\frac{1}{2}C_y \cdot r\sin\varphi + r^2 p_0 \int_{\alpha=0}^{\alpha=\varphi} \cos\alpha\,\sin(\varphi-\alpha)\,d\alpha = -\frac{1}{2}C_y\,r\sin\varphi\left(1-\frac{2\varphi}{\pi}\right).$$

$$\zeta_{0\varphi}^{0} = -\zeta_{0\varphi}^{u} = -\frac{1}{2}\,C_y\,r\,(1-\cos\varphi) + \int\limits_{a=0}^{a=\varphi} p_a \cdot r\,[1-\cos(\varphi-\alpha)]\,ds =$$

$$= -\frac{1}{2}\,C_y\,r\,(1-\cos\varphi) + r^2\,p_0 \int\limits_{a=0}^{a=\varphi} \cos\alpha\,[1-\cos(\varphi-\alpha)]\,d\alpha =$$

$$= -\frac{1}{2}\,C_y\,r\left[(1-\cos\varphi) - \frac{2}{\pi}\,(\sin\varphi - \varphi\cos\varphi)\right],$$

$$\eta_{0\varphi}^{0} = \eta_{0\varphi}^{u} = 0.$$

Diesen Werten entsprechen auf Grund der Elastizitätsgleichungen 98 die statisch unbestimmten Größen:

$$\xi = -\frac{1}{2\pi}\cdot r\,C_y,\quad \eta = Z = 0.$$

Mithin im ganzen:

$$\textbf{100}^\textbf{a})\,\cdot\,\cdot\,\begin{cases} \xi_{\varphi}^{0} = \xi_{\varphi}^{u} = -\dfrac{1}{2}\,r\,C_y\left[\sin\varphi\left(1-\dfrac{2\varphi}{\pi}\right) - \dfrac{1}{\pi}\cdot\cos\varphi\right], \\[2ex] \zeta_{\varphi}^{0} = -\zeta_{\varphi}^{u} = -\dfrac{1}{2}\,r\,C_y\left[(1-\cos\varphi) - \dfrac{2}{\pi}\left(\dfrac{3}{2}\sin\varphi - \varphi\cos\varphi\right)\right], \\[2ex] \eta_{\varphi}^{0} = \eta_{\varphi}^{u} = 0. \end{cases}$$

Andererseits werden durch die Kräftepaare $S_{0_n} = \pm 1\,C\,y$ und m_φ (Abb. 39b) die Momente:

$$\xi_{0\varphi}^{0} = \xi_{0\varphi}^{u} = -\frac{1}{2}\,C_y\cdot\sin\varphi + \int\limits_{a=0}^{a=\varphi} m_a\cdot\sin(\varphi-\alpha)\,ds =$$

$$= -\frac{1}{2}\,C_y\sin\varphi + \frac{2}{\pi}\,1\,C_y \int\limits_{a=0}^{a=\varphi} \cos\alpha\cdot\sin(\varphi-\alpha)\,d\alpha = -\frac{1}{2}\,1\,C_y\sin\varphi\left(1-\frac{2\varphi}{\pi}\right),$$

$$\zeta_{0\varphi}^{0} = -\zeta_{0\varphi}^{u} = +\frac{1}{2}\,C_y\cos\varphi - \int\limits_{a=0}^{a=\varphi} m_a\cdot\cos(\varphi-\alpha)\,ds =$$

$$= \frac{1}{2}\,C_y\cos\varphi - \frac{2}{\pi}\cdot 1\,C_y \int\limits_{a=0}^{a=\varphi} \cos\alpha\cdot\cos(\varphi-\alpha)\,d\alpha =$$

$$= \frac{1}{2}\,1\,C_y\left[\cos\varphi\left(1-\frac{2\varphi}{\pi}\right) - \frac{2}{\pi}\cdot\sin\varphi\right]$$

$$\eta_{0\varphi}^{0} = \eta_{0\varphi}^{u} = 0$$

im Hauptsystem erzeugt.

Hierzu ergibt sich auf Grund der Gleichungen 98:

$$\xi = \frac{1}{2}\,C_y \cdot \frac{1}{\pi}, \quad \eta = Z = 0,$$

und daher auch:

$$100^b)\ .\ .\ \begin{cases} \xi_\varphi^0 = \xi_\varphi^u = -\frac{1}{2}\,l\,C_y\left[\sin\varphi\left(1-\frac{2\varphi}{\pi}\right)-\frac{1}{\pi}\cos\varphi\right], \\[2ex] \zeta_\varphi^0 = -\zeta_\varphi^u = \frac{1}{2}\,l\,C_y\left[\cos\varphi\left(1-\frac{2\varphi}{\pi}\right)-\frac{1}{\pi}\cdot\sin\varphi\right], \\[2ex] \eta_\varphi^0 = \eta_\varphi^u = 0. \end{cases}$$

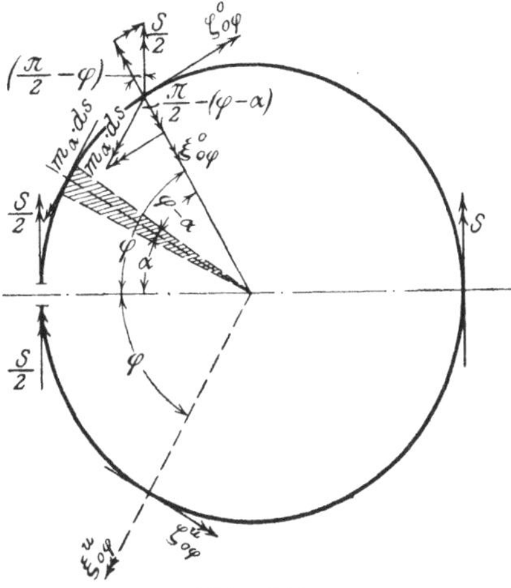

Abb. 39b.

Werden die Formeln 100a und 100b vereinigt, so erhält man insgesamt:

$$100^c)\ .\ .\ \begin{cases} \xi_\varphi^0 = \xi_\varphi^u = -\frac{1}{2}(1+r)\,C_y\left[\sin\varphi\left(1-\frac{2\varphi}{\pi}\right)-\frac{1}{\pi}\cos\varphi\right], \\[2ex] \eta_\varphi^0 = \eta_\varphi^u = 0, \\[2ex] \zeta_\varphi^0 = -\zeta_\varphi^u = \frac{1}{2}(1+r)\,C_y\left[\cos\varphi\left(1-\frac{2\varphi}{\pi}\right)-\frac{1}{\pi}\cdot\sin\varphi\right]- \\[2ex] \qquad\qquad -\frac{1}{2}\cdot r\,C_y\left(1-\frac{4}{\pi}\cdot\sin\varphi\right). \end{cases}$$

Wir fügen nun die Kraftgruppe:

$$X_{0_n} = \pm\left[C_x - \frac{2}{n}\left(\alpha\,C_y + \frac{A_{yy}}{1+\psi}\right)\right], \quad X_m = -\frac{2}{n}\left(\alpha\,C_y + \frac{A_{yy}}{1+\psi}\right)\cos(m\,\varrho),$$

$$Z_m = -\frac{2}{n}\cdot\frac{\psi}{1+\psi}\cdot A_{yy}\cdot\sin(m\,\varrho)$$

hinzu (Abb. 40). Es läßt sich ohne weiteres leicht nachweisen, daß die Gleichgewichtsbedingung

$$X_{0_n} = \sum_{m=1}^{m=\frac{n}{2}} [X_m \cdot \cos(m\rho) + Z_m \cdot \sin(m\rho)]$$

von vornherein erfüllt ist. Wir können also wiederum die Kräfte

$$X_{0_n} = \mp \frac{2}{n}\left(\alpha\, C_y + \frac{A_{yy}}{1+\psi}\right), \qquad X_m = -\frac{2}{n}\left(\alpha\, C_y + \frac{A_{yy}}{1+\psi}\right)\cos(m\rho)$$

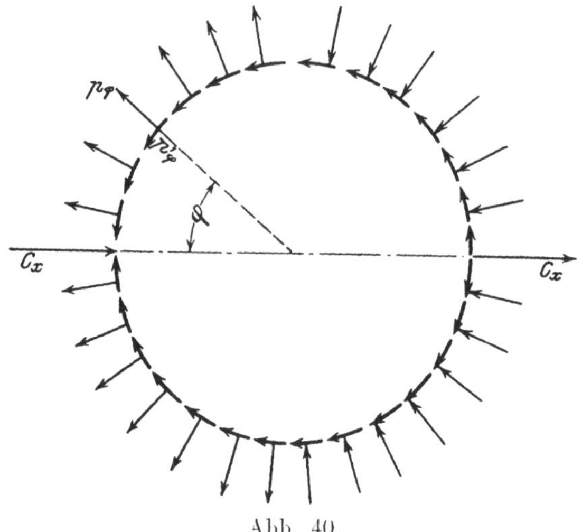

Abb. 40.

durch eine wagerechte, stetige radiale Belastung

$$p_\varphi = p_0 \cos\varphi,$$

und ebenso die Kräfte

$$Z_m = -\frac{2}{n} \cdot \frac{\psi}{1+\psi} \cdot A_{yy} \cdot \sin(m\rho)$$

durch eine stetige tangentiale Belastung

$$p'_\varphi = p'_0 \sin\varphi$$

ersetzen. Es ist hierbei offensichtlich

$$\frac{p_0}{p'_0} = \frac{1}{\psi} + \frac{\alpha\, C_y}{A_{yy}} \cdot \left(\frac{1+\psi}{\psi}\right)$$

und ferner auf Grund der vorhin aufgestellten Gleichgewichtsbedingung:

$$X_{0_n} = \pm\, C_x = \pm\, 2\int_{\varphi=0}^{\varphi=\frac{\pi}{2}} (p_\varphi \cdot \cos + p'_\varphi \cdot \sin\varphi)\, ds = \pm\, r\, \frac{\pi}{2}\, (p_0 + p'_0).$$

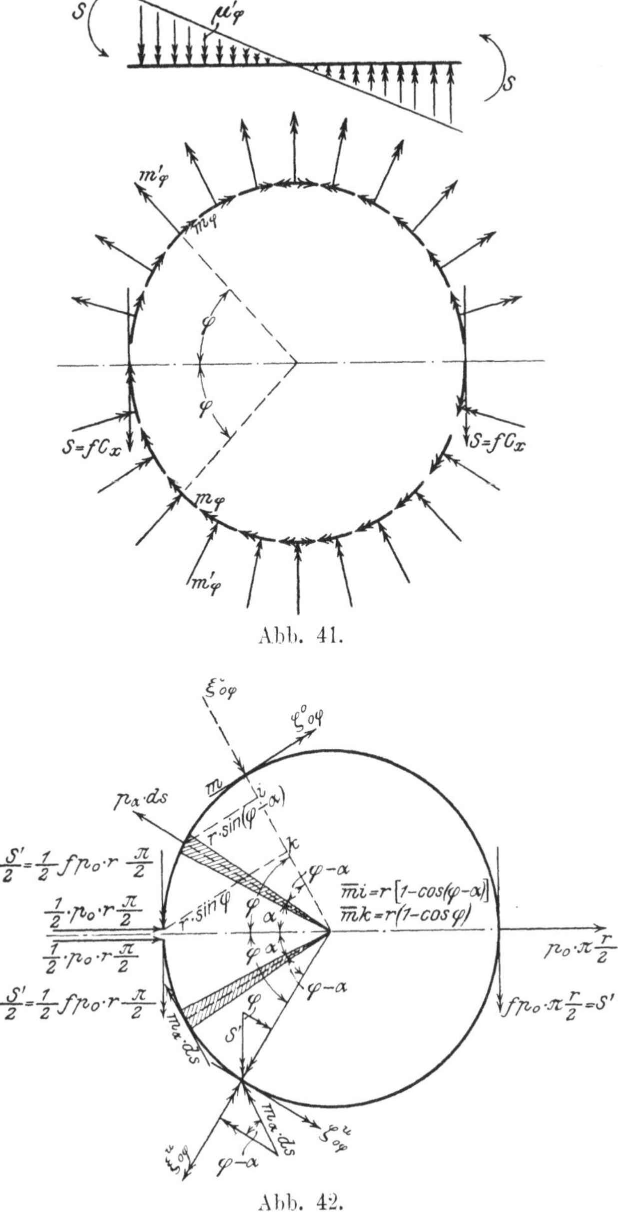

Abb. 41.

Abb. 42.

Aus diesen beiden Gleichungen ergeben sich die Belastungsdichten
zu

$$p_0 = \frac{2}{\pi r}\left(C_x - A_{yy}\frac{\psi}{1+\psi}\right) = \frac{2}{\pi r}\left(\alpha\, C_y + \frac{A_{yy}}{1+\psi}\right), \quad p_0' = \frac{2}{\pi r}\cdot A_{yy}\cdot\frac{\psi}{1+\psi}.$$

Da die betrachtete Kraftgruppe im Abstand 1 von der Ringmittellinie und in der Tiefe f unterhalb der Ringebene angreift, so treten zugleich, wie Abb. 41 zeigt, die stetig veränderlichen Drehungsmomente

$$m_\varphi = f\, p_\varphi, \quad m_\varphi' = f\, p_\varphi', \quad \mu_\varphi' = l\, p_\varphi'$$

mit den zugehörigen Kräftepaaren

$$S_{0_n} = \mp f\, C_x$$

auf.

Die unmittelbare Wirkung der Belastungen p_φ und m_φ auf das Hauptsystem ist entsprechend Abb. 42 durch die Gleichungen

$$\xi_{0\varphi}^{0} = \xi_{0\varphi}^{u} = \sin\varphi \int_{0}^{\frac{\pi}{2}} m_\varphi \cos\varphi\, ds - \int_{\alpha=0}^{\alpha=\varphi} m_\alpha \cdot \sin(\varphi-\alpha)\, ds =$$

$$= f\, r\, p_0 \left[\sin\varphi \int_{0}^{\frac{\pi}{2}} \cos^2\varphi\, d\varphi - \int_{\alpha=0}^{\alpha=\varphi} \cos\alpha \cdot \sin(\varphi-\alpha)\, d\alpha \right] = f\, r\, \frac{p_0}{2} \cdot \sin\varphi \left(\frac{\pi}{2} - \varphi \right),$$

$$\zeta_{0\varphi}^{0} = -\zeta_{0\varphi}^{u} = -\cos\varphi \int_{0}^{\frac{\pi}{2}} m_\varphi \cdot \cos\varphi\, ds + \int_{\alpha=0}^{\alpha=\varphi} m_\alpha \cdot \cos(\varphi-\alpha)\, ds = -$$

$$-f\, r\, p_0 \left[\cos\varphi \int_{0}^{\frac{\pi}{2}} \cos^2\varphi\, d\varphi - \int_{\alpha=0}^{\alpha=\varphi} \cos\alpha \cdot \cos(\varphi-\alpha)\, d\alpha \right] = -f\, r\, \frac{p_0}{2} \left[\cos\varphi \left(\frac{\pi}{2} - \varphi \right) - \sin\varphi \right],$$

$$\eta_{0\varphi}^{0} = \eta_{0\varphi}^{u} = -r \sin\varphi \int_{0}^{\frac{\pi}{2}} p_\varphi \cdot \cos\varphi\, ds + r \int_{\alpha=0}^{\alpha=\varphi} p_\alpha \cdot \sin(\varphi-\alpha)\, ds = -$$

$$-p_0 \cdot r^2 \left[\sin\varphi \int_{0}^{\frac{\pi}{2}} \cos^2\varphi\, d\varphi - \int_{\alpha=0}^{\alpha=\varphi} \cos\alpha \cdot \sin(\varphi-\alpha)\, d\alpha \right] = -r^2 \frac{p_0}{2} \cdot \sin\varphi \left(\frac{\pi}{2} - \varphi \right)$$

gekennzeichnet. Zu diesen Ausdrücken gehören auf Grund der Gleichungen 98 die Werte:

$$\xi = -f\, r\, \frac{p_0}{4}, \quad \eta = 0, \quad Z = -\frac{1}{4}\, r\, p_0,$$

und daher in Übereinstimmung mit den Gleichungen 94:

$$100^{d)}\ \ \ \begin{cases}
\xi^0_\varphi = \xi^{u}_\varphi = f\,r\,\dfrac{p_0}{2}\left[\sin\varphi\left(\dfrac{\pi}{4}-\varphi\right)-\dfrac{1}{2}\cos\varphi\right],\\[2ex]
\quad = \dfrac{1}{2}\,f\left(C_x - A_{yy}\dfrac{\psi}{1+\psi}\right)\left[\sin\varphi\left(1-\dfrac{2\,\varphi}{\pi}\right)-\dfrac{1}{\pi}\cdot\cos\varphi\right],\\[2ex]
\zeta^0_\varphi = -\zeta^{u}_\varphi = -f\,r\,\dfrac{p_0}{2}\left[\cos\varphi\left(\dfrac{\pi}{2}-\varphi\right)-\dfrac{1}{2}\cdot\sin\varphi\right],\\[2ex]
\quad = -\dfrac{1}{2}\,f\left(C_x - A_{yy}\dfrac{\psi}{1+\psi}\right)\left[\cos\varphi\left(1-\dfrac{2\,\varphi}{\pi}\right)-\dfrac{1}{\pi}\cdot\sin\varphi\right],\\[2ex]
\eta^0_\varphi = \eta^{u}_\varphi = -r^2\,\dfrac{p_0}{2}\left[\sin\varphi\left(\dfrac{\pi}{2}-\varphi\right)-\dfrac{1}{2}\cdot\cos\varphi\right],\\[2ex]
\quad = -\dfrac{1}{2}\cdot r\left(C_x - A_{yy}\dfrac{\psi}{1+\psi}\right)\left[\sin\varphi\left(1-\dfrac{2\,\varphi}{\pi}\right)-\dfrac{1}{\pi}\cdot\cos\varphi\right].
\end{cases}$$

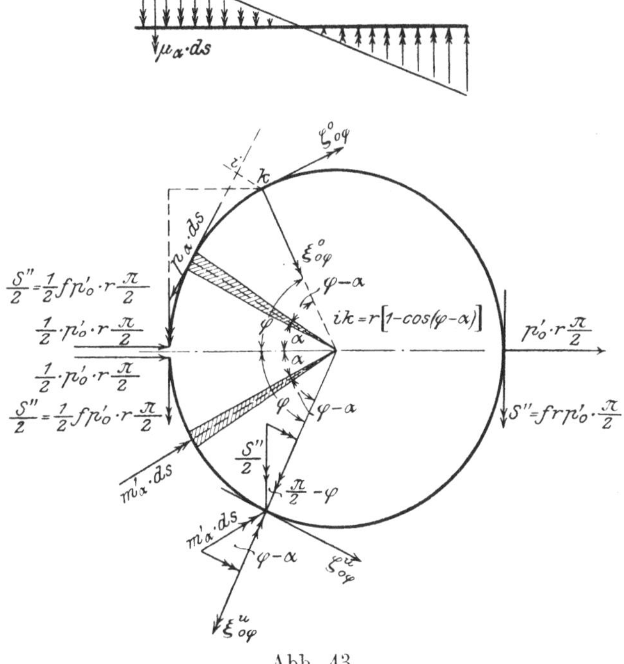

Abb. 43.

Die am Ring selbst angreifenden tangentialen Kräfte p_φ' erzeugen
im Hauptsystem (Abb. 43) die Momente:

$$\eta^0_{0\varphi} = \eta^u_{0\varphi} = -r\sin\varphi \int_0^{\frac{\pi}{2}} p'_\varphi \cdot \sin\varphi\, ds - r \int_{a=0}^{a=\varphi} p'_a\, [1-\cos(\varphi-\alpha)]\, ds = -$$

$$-p'_0\, r^2 \left[\sin\varphi \int_0^{\frac{\pi}{2}} \sin^2\varphi\, d\varphi + \int_{a=0}^{a=\varphi} \sin\alpha\, [1-\cos(\varphi-\alpha)]\cdot d\alpha \right] =$$

$$= -p'_0 \cdot \frac{r^2}{2}\left[\sin\varphi\left(\frac{\pi}{2}-\varphi\right) + 2\,(1-\cos\varphi) \right],$$

während durch die Kräftepaare m'_φ und μ'_φ die Zusatzmomente

$$\xi^0_{0\varphi} = \xi^u_{0\varphi} = \sin\varphi \int_n^{\frac{\pi}{2}} m'_\varphi \cdot \sin\varphi\, ds - \int_{a=0}^{a=\varphi} m'_a \cdot \cos(\varphi-\alpha)\, ds =$$

$$= f\, r\, p'_0 \left[\sin\varphi \int_0^{\frac{\pi}{2}} \sin^2\varphi\, d\varphi - \int_{a=0}^{a=\varphi} \sin\alpha \cdot \cos(\varphi-\alpha)\, d\alpha \right] = f\, r\, \frac{p'_0}{2}\sin\varphi\left(\frac{\pi}{2}-\varphi\right)$$

$$\zeta^0_{0\varphi} = -\zeta^u_{0\varphi} = -\cos\varphi \int_n^{\frac{\pi}{2}} m'_\varphi \cdot \sin\varphi\, ds - \int_{a=0}^{a=\varphi} m'_a \cdot \sin(\varphi-\alpha)\, ds = -$$

$$-f\,r\,p'_0 \left[\cos\varphi \int_0^{\frac{\pi}{2}} \sin^2\varphi\, d\varphi + \int_{a=0}^{a=\varphi} \sin\alpha \cdot \sin(\varphi-\alpha)\, d\alpha \right] = -f\,r\,\frac{p'_0}{2}\left[\cos\varphi\left(\frac{\pi}{2}-\varphi\right) + \sin\varphi \right],$$

$$\eta^0_\varphi = \eta^u_{0\varphi} = \int_n^\varphi \mu'_\varphi\, ds = r\,l\,p'_0 \int_0^\varphi \sin\varphi\, d\varphi = l\,r\,p'_0\,(1-\cos\varphi)$$

hervorgerufen werden. Hierzu liefern die Gleichungen 98:

$$\xi = -f\,r\,\frac{p'_0}{4}\left(1 - \frac{4}{1+\dfrac{G\cdot I_z}{E\,I_x}}\right),\quad \eta = p_0\,r^2\left(1-\frac{l}{r}\right),\quad Z = \frac{1}{4}\cdot p'_0\,(3\,r-4\,l),$$

und mithin:

$$100\mathrm{e)} \ \ \begin{cases}
\xi^0_\varphi = \xi^u_\varphi = f\,r\,\dfrac{p'_0}{2}\left[\sin\varphi\left(\dfrac{\pi}{2}-\varphi\right)-\dfrac{1}{2}\cos\varphi\left(1-\dfrac{4}{1+\dfrac{G\,I_z}{E\,I_x}}\right)\right] = \\[2em]
\quad = \dfrac{1}{2}\cdot f\,\dfrac{\psi}{1+\psi}\cdot A_{yy}\left[\sin\varphi\left(1-\dfrac{2\,\varphi}{\pi}\right)-\dfrac{1}{\pi}\cos\varphi\left(1-\dfrac{4}{1+\dfrac{G\,I_z}{E\,I_x}}\right)\right], \\[2em]
\zeta^0_\varphi = -\zeta^u_\varphi = -f\,r\,\dfrac{p'_0}{2}\left[\cos\varphi\left(\dfrac{\pi}{2}-\varphi\right)-\dfrac{1}{\pi}\sin\varphi\left(1-\dfrac{4}{1+\dfrac{E\,I_x}{G\,I_z}}\right)\right] = \\[2em]
\quad = -\dfrac{1}{2}\cdot f\,\dfrac{\psi}{1+\psi}\cdot A_{yy}\left[\cos\varphi\left(1-\dfrac{2\,\varphi}{\pi}\right)-\dfrac{1}{\pi}\cdot\sin\varphi\left(1-\dfrac{4}{1+\dfrac{E\,I_x}{G\,I_z}}\right)\right], \\[2em]
\eta^0_\varphi = \eta^u_\varphi = -p'_0\cdot\dfrac{r^2}{2}\left[\sin\varphi\left(\dfrac{\pi}{2}-\varphi\right)-\dfrac{1}{2}\cos\varphi\right] = \\[2em]
\quad = -\dfrac{1}{2}\cdot r\,\dfrac{\psi}{1+\psi}\cdot A_{yy}\left[\sin\varphi\left(1-\dfrac{2\,\varphi}{\pi}\right)-\dfrac{1}{\pi}\cdot\cos\varphi\right].
\end{cases}$$

Aus diesen Formeln erhält man schließlich im Verein mit den Gleichungen 100c und 100d als Gesamteinfluß der halbsymmetrischen Kräfte[1]:

$$100\,\mathrm{f)} \ \ \begin{cases}
\xi^0_\varphi = \xi^u_\varphi = -\dfrac{1}{2}\,[C_y\,(1+r-\alpha\,f)-f\,A_{yy}]\left[\sin\varphi\left(1-\dfrac{2\,\varphi}{\pi}\right)-\right. \\[1.5em]
\left.\quad -\dfrac{1}{\pi}\cos\varphi\right]+\dfrac{1}{2}\cdot f\,A_{yy}\,\dfrac{\psi}{1+\psi}\cdot\dfrac{4\cos\varphi}{\pi\left(1+\dfrac{G\,I_z}{E\,I_x}\right)}, \\[2.5em]
\zeta^0_\varphi = -\zeta^u_\varphi = +\dfrac{1}{2}\,[C_y\,(1+r-\alpha\,f)-f\,A_{yy}]\left[\cos\varphi\left(1-\dfrac{2\,\varphi}{n}\right)-\right. \\[1.5em]
\left.\quad -\dfrac{1}{\pi}\cdot\sin\varphi\right]-\dfrac{1}{2}\,f\cdot A_{yy}\,\dfrac{\psi}{1+\psi}\cdot\dfrac{4\sin\varphi}{\pi\left(1+\dfrac{E\,I_x}{G\,I_z}\right)}, \\[2.5em]
\eta^0_\varphi = \eta^u_\varphi = -\dfrac{1}{2}\cdot r\,C_x\left[\sin\varphi\left(1-\dfrac{2\,\varphi}{\pi}\right)-\dfrac{1}{\pi}\cdot\cos\varphi\right].
\end{cases}$$

---

[1]) Der Einfluß des Verhältnisses der äquatorialen und polaren Trägheitsmomente des Ringes ist, wie die bisherigen Entwickelungen zeigen, nur für die halbsymmetrischen Kräfte, und zwar nur bei räumlicher oder tangentialer Stützung von Belang. Er scheidet hingegen bei ebener oder radialer Stützung vollkommen aus.

3. Einfluß der Belastung des Hauptsystems.

Ist die linke Hauptrippe (o) allein durch die äußeren Kräfte P belastet (Abb. 44), so wirken am Scheitelring die wagerechten Kräfte $H = X_{0n}$, die lotrechten Querkräfte $\pm Y_{0n}$, die Kräftepaare $S_n = l\,Y_{0n} - f\,X_{0n}$, $S_0 = (l + 2\,r)\,Y_{0n} - f\,X_{0n}$, oder

$$S_{0n} = [(l + r)\,Y_{0n} - f\,X_{0n}] \pm r\,Y_{0n}.$$

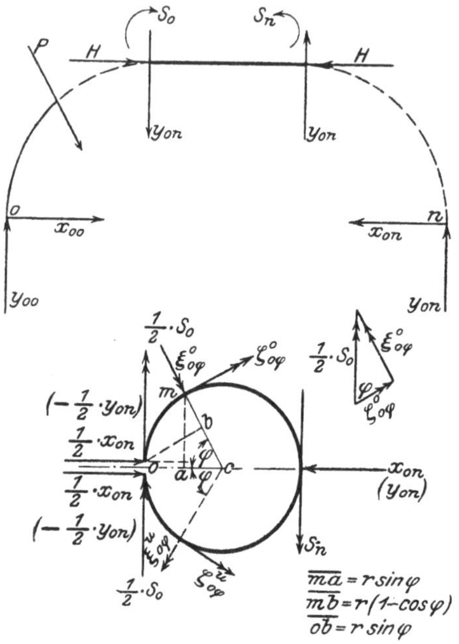

Abb. 44.

Diese Kraftgruppe ruft im Hauptsystem die inneren Widerstände

$$\xi^0_{0\varphi} = \xi^u_{0\varphi} = -\frac{1}{2}\cdot\sin\varphi\,S_0 + \frac{1}{2}\,Y_{0n}\cdot r\sin\varphi = -\frac{1}{2}\cdot\sin\varphi\,[(l+r)Y_{0n} - f\,X_{0n}],$$

$$\zeta^0_{0\varphi} = -\zeta^u_{0\varphi} = +\frac{1}{2}\cdot\cos\varphi\,S_0 + \frac{1}{2}\,Y_{0n}\cdot r\,(1-\cos\varphi) =$$

$$= +\frac{1}{2}\cdot\cos\varphi\,[(l+r)\,Y_{0n} - f\,X_{0n}] + \frac{r}{2}\,Y_{0n},$$

$$\eta^0_{0\varphi} = \eta^u_{0\varphi} = -\frac{1}{2}\,X_{0n}\cdot r\sin\varphi$$

hervor. Denselben entsprechen auf Grund der Gleichung 98 die Werte:

$$\xi = -\frac{2}{\pi}\cdot\frac{r\,Y_{0n}}{1 + \dfrac{G\,I_z}{E\,I_x}}, \quad \eta = X_{0n}\cdot\frac{r}{\pi}, \quad Z = 0.$$

Zur Darstellung des endgültigen Spannungszustandes dienen also die Gleichungen:

$$101)\dots\begin{cases}
\xi_\varphi^0 = \xi_\varphi^u = -\frac{1}{2}\cdot\sin\varphi\,[(l+r)\,Y_{0\,n} - f\,X_{0\,n}] - \frac{2\,r}{\pi}\cdot\cos\cdot\dfrac{Y_{0\,n}}{1+\dfrac{G\,I_z}{E\,I_x}}, \\[6mm]
\zeta_\varphi^0 = -\zeta_\varphi^u = +\frac{1}{2}\cos\varphi\,[(l+r)\,Y_{0\,n} - f\,X_{0\,n}] + \\[4mm]
\qquad\qquad\qquad +\frac{r}{2}\cdot Y_{0\,n}\left(1-\frac{4}{\pi}\cdot\dfrac{\sin\varphi}{1+\dfrac{G\,I_z}{E\,I_x}}\right), \\[6mm]
\eta_\varphi^0 = \eta_\varphi^u = -X_{0\,n}\cdot\frac{r}{2}\left(\sin\varphi - \frac{2}{\pi}\right).
\end{cases}$$

3. Die Formänderung des Schlußringes und ihr Einfluß auf die Spannungsverteilung im Fachwerk.

Durch die bisherigen Untersuchungen ist der Beweis wohl erbracht, daß trotz der hohen statischen Unbestimmtheit und trotz des verwickelten Kräfteangriffes die Beanspruchung des Schlußringes auf Grund verhältnismäßig einfacher Formeln errechnet werden kann. Das nächste Ziel unserer Arbeit ist es nun, die entsprechende elastische Formänderung zu bestimmen und ihren Einfluß auf die Kräfteverteilung im Gerippe zu ermitteln.

Es ist ohne weiteres augenscheinlich, daß das eigentliche Fachwerk eine umso größere Beanspruchung erleidet, je beträchtlicher die Nachgiebigkeit des Kopfringes ist. Wenn man also bei der Untersuchung des gesamten Gebildes dem Schlußring diejenige Formänderung, welche den höchsten Grenzwerten der Ringbelastung entsprechen würde, zuweist, so können zur Bemessung des Gerippes nur zu große Spannungswerte[1]), welche die Sicherheit der Konstruktion günstig beeinflussen, gewonnen werden.

Auf Grund dieser Überlegung werden wir im folgenden die zusätzlichen Stützenwiderstände des Fachwerkes unter der Voraussetzung, daß der Scheitelring die für einen starren Ring in Betracht kommenden Spannkräfte aufzunehmen hat, zu ermitteln versuchen.

Am einfachsten läßt sich der Einfluß der durch die zyklisch symmetrischen Kräfte erzeugten Ringformänderungen feststellen. In allen Stützpunkten entsteht unter deren Wirkung der gleiche radiale Widerstand ΔX, in allen Rippen das gleiche Biegungsmoment $M = -\,y\,\Delta X$,

---

[1]) Die Einführung dieser höheren Spannungswerte ist auch hinsichtlich einer wirtschaftlichen Querschnittsbemessung gerechtfertigt, weil dieselben sich bei normalen Konstruktionen von den genauen Werten nur wenig unterscheiden.

während in allen Ringquerschnitten nebst den vorhin[2]) ermittelten Spannkräften

$$Z_\varphi = \frac{\alpha}{\gamma}\,\frac{B_{xx}}{\pi}, \quad \xi_\varphi = -\frac{B_{xx}}{\gamma\,\pi}\,(1-\alpha f)$$

die gleichen Achsialkräfte

$$Z'_\varphi = r\,p_r = \frac{n\,\Delta x}{\pi},$$

und die gleichen Biegungsmomente

$$\xi'_\varphi = -r\,\mu_r = +\frac{n\,\Delta x}{\pi}\cdot f$$

hervorgerufen werden (Abb. 37). Die Bestimmungsgleichung für ΔX lautet:

$$102)\ldots\ 2\,n\int_0^1 M\cdot\frac{\partial M}{\partial \Delta X}\cdot\frac{ds}{EI} + 2\int_0^\pi (Z_\varphi + Z'_\varphi)\frac{\partial Z'_\varphi}{\partial \Delta X}\cdot\frac{ds}{E\,F_z} +$$

$$+ 2\int_0^\pi (\xi_\varphi + \xi'_\varphi)\frac{\partial \xi'_\varphi}{\partial \Delta X}\cdot\frac{ds}{EI_x} = 0.$$

Unter F_z ist hierbei der Inhalt des Ringquerschnittes zu verstehen. Die Entwicklung dieser Gleichung liefert:

$$+ 2\,n\,\Delta X\left\{\int_0^1 y^2\,\frac{ds}{EI} + r\left(\frac{1}{E\,F_z} + \frac{f^2}{EI_x}\right)\right\} + 2\,n\,r\cdot\frac{B_{xx}}{\gamma}\left\{\frac{\alpha}{E\,F_z} - f\,\frac{(1-\alpha f)}{E\,I_x}\right\} = 0$$

und daher:

$$103)\ldots\ \Delta X = -r\,\frac{B_{xx}}{\gamma}\cdot\frac{\dfrac{\alpha}{E\,F_z} - f\,\dfrac{(1-\alpha f)}{E\,I_x}}{\displaystyle\int_0^1 y^2\,\frac{ds}{EI} + r\left(\frac{1}{E\,F_z} + \frac{f^2}{E\,I_x}\right)}.$$

Diese Gleichung läßt erkennen, da das Glied $\dfrac{\alpha}{E\,F_z}$ im allgemeinen kleiner als $\dfrac{f\,(1-\alpha f)}{E\,I_x}$ ist, daß die Nachgiebigkeit des Ringes eine Entlastung der in der Nähe der belasteten Hauptrippe befindlichen Nebenrippen $\left(m < \dfrac{n}{2}\right)$ und eine umso höhere Beanspruchung der an der entgegengesetzten Seite gelegenen Rippen $\left(m > \dfrac{n}{2}\right)$ zur Folge hat.

---

[2]) Vgl. Gleichung 99a, 99b und 99c.

Um nun die allgemeine Lösung der Aufgabe bei beliebiger Ringbelastung und Ringformänderung zu erzielen, seien in allen Stützpunkten der Nebenrippen die Widerstände ΔX_m, ΔY_m, ΔZ_m eingeführt (Abb. 45). Sie rufen die Momente[1]

$$104) \ldots \quad M_m = x\,\Delta Y_m - y\,\Delta X_m, \quad \mathfrak{M}_m = u\,\Delta Z_m, \quad W_m = v\,\Delta Z_m$$

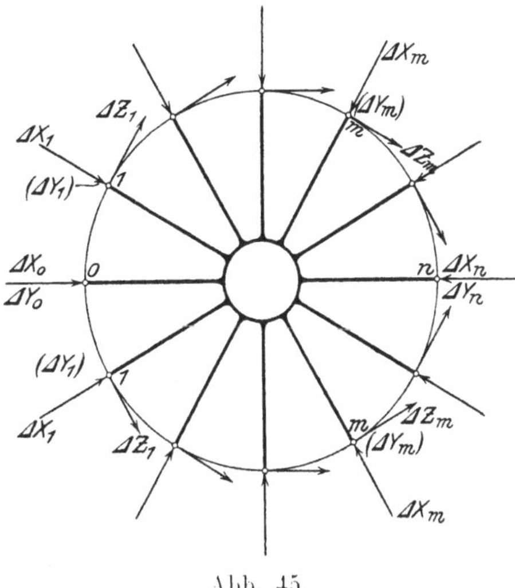

Abb. 45.

hervor. Die zugehörigen Spannungswerte der Hauptrippen sind, wenn wie früher

$$\sum_{m=1}^{m=n-1} \Delta Y_m = \Omega_{\partial y}, \quad \sum_{m=1}^{m=n-1} \Delta X_m \cdot \cos(m\,\rho) = \Omega'_{\partial x},$$

$$\sum_{m=\varphi}^{m=n-1} \Delta Y_m \cdot \cos(m\,\rho) = \Omega'_{\partial y}, \quad \sum_{m=1}^{m=n-1} \Delta Z_m \cdot \sin(m\,\rho) = \Omega'_{\partial z}$$

gesetzt wird:

$$104^a) \ldots \quad \Delta X_{0_n} = -\alpha\,\Omega_{\partial y} \mp (\Omega'_{\partial x} + \Omega'_{\partial z}), \quad \Delta Y_{0_n} = -\Omega_{\partial y} \mp \Omega'_{\partial y},$$

$$M_{0_n} = (\alpha\,y - x)\,\Omega_{\partial y} \mp x\,\Omega'_{\partial y} \pm y\,(\Omega'_{\partial x} + \Omega'_{\partial z}).$$

Der Belastungszustand[2] $\Delta X_m = 1$ ruft in den Neben- und Hauptrippen die Momente

$$M'_m = -y, \quad M'_{0_n} = \pm y \cdot \cos(m\,\rho)$$

---

[1] Vgl. Abb. 5 und Gleichung 1.
[2] Vgl. Abb. 9 und Gleichung 7a.

und im Ring, wie aus Abb. 46 ersichtlich, die Momente[1])

$$\xi'_\varphi = -\frac{1}{2}\cdot\sin\varphi\cdot f\cos(m\,\rho) + f\cdot\sin(\varphi - m\,\rho),$$

$$\zeta'_\varphi = \pm\frac{1}{2}\cdot\cos\varphi\cdot f\cdot\cos(m\,\rho)\mp f\cdot\cos(\varphi - m\,\rho),$$

$$\eta'_\varphi = \frac{1}{2}\cdot r\sin\varphi\cdot\cos(m\,\rho) - r\sin(\varphi - m\,\rho)$$

hervor. Das obere Vorzeichen bezieht sich hierbei auf die obere, das
untere auf die untere Ringhälfte. Die Funktionen $\sin(\varphi - m\,\rho)$ und
$\cos(\varphi - m\,\rho)$ sind nur für die Winkel $\varphi > m\,\rho$ in Rechnung zu stellen.
Die Elastizitätsbedingung

$$\int_0^1 M\cdot\frac{M'}{EI}\cdot ds + 2\int_0^\pi \xi_\varphi\cdot\frac{\xi'_\varphi}{E\,I_x}\cdot ds + 2\int_0^\pi \eta_\varphi\cdot\frac{\eta'_\varphi}{E\,I_y}\,ds + 2\int_0^\pi \zeta_\varphi\cdot\frac{\zeta'_\varphi}{G\,I_z}\,ds = 0$$

liefert für diesen Belastungszustand:

$$105)\ldots\ \left\{\begin{aligned}
&\Delta X_m\int_0^1 y^2\frac{ds}{EI} - \Delta Y_m\int_0^1 xy\frac{ds}{EI} - \left[\Omega'_{\delta y}\int_0^1 xy\frac{ds}{EI} - \right.\\[2mm]
&\left. -(\Omega'_{\delta x} + \Omega'_{\delta z})\int_0^1 y^2\frac{ds}{EI}\right]\cos(m\,\rho) + \frac{1}{2}\cdot r^2\cdot\cos(m\,\rho)\int_{\varphi=0}^{\varphi=\pi}\left[\eta_\varphi\cdot\frac{\sin\varphi}{E\,I_y} - \right.\\[2mm]
&\left. -\frac{f}{r}\left(\frac{\xi_\varphi\cdot\sin\varphi}{E\,I_x} - \frac{\zeta_\varphi\cdot\cos\varphi}{G\,I_z}\right)\right]d\varphi - r^2\int_{\varphi=m\rho}^{\varphi=\pi}\left\{\frac{\eta_\varphi}{E\,I_y}\cdot\sin(\varphi - m\,\rho) - \right.\\[2mm]
&\left. -\frac{f}{r}\left[\frac{\xi_\varphi}{E\,I_x}\cdot\sin(\varphi - m\,\rho) - \frac{\zeta_\varphi}{G\,I_z}\cdot\cos(\varphi - m\,\rho)\right]\right\}d\varphi = 0.
\end{aligned}\right.$$

Beachtet man aber, daß auf Grund der Hauptelastizitätsgleichun-
gen 96...

$$\int_{\varphi=0}^{\varphi=\pi}\frac{\eta_\varphi}{E\,I_y}\cdot\sin\varphi\,d\varphi = \int_{\varphi=0}^{\varphi=\pi}\left(\frac{\xi_\varphi}{E\,I_x}\cdot\sin\varphi\,d\varphi - \frac{\zeta_\varphi}{G\,I_z}\cdot\cos\varphi\,d\varphi\right) = 0$$

---

[1]) Da es sich bei der Aufstellung der Arbeitsgleichung um einen erdachten
Belastungszustand handelt, so darf dem Ring eine statisch bestimmte Gliederung
zugewiesen werden. Die Momentenwerte beziehen sich daher auf das unmittelbar
neben der Hauptrippe o durchgeschnittene Hauptsystem.

sein muß, und setzt man zur Abkürzung:

$$106) \quad \left\{ \frac{r^2}{\displaystyle\int_0^1 y^2 \frac{ds}{EI}} \cdot \int_{\varphi=m\rho}^{\varphi=\pi} \left\{ \frac{\eta_\varphi}{EI_y} \cdot \sin(\varphi - m\rho) - \frac{f}{r}\left[\frac{\xi_\varphi}{EI_x} \cdot \sin(\varphi - m\rho) - \frac{\zeta_\varphi}{GI_z} \cdot \cos(\varphi - m\rho) \right] \right\} d\varphi = \mathfrak{A}_m, \right.$$

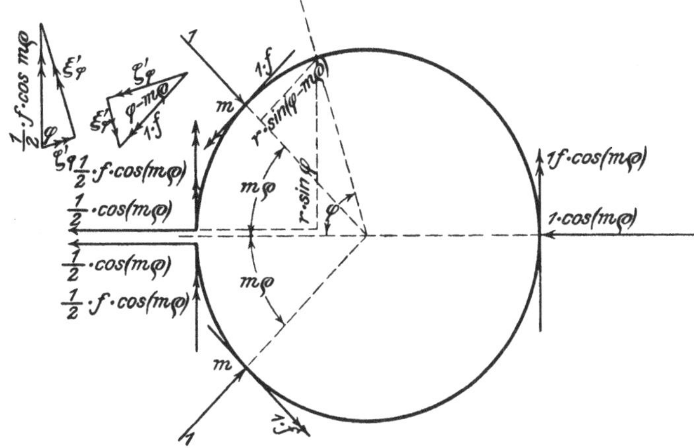

Abb. 46.

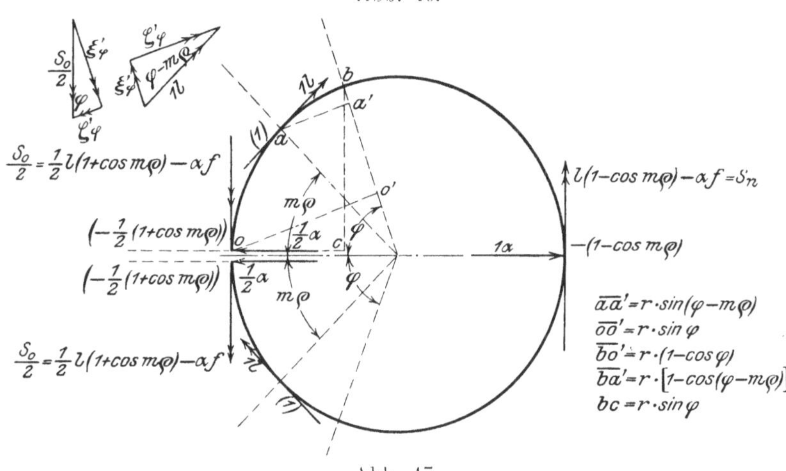

Abb. 47.

so lautet die erste Elastizitätsgleichung:

$$107) \quad \Delta X_m - \alpha \Delta Y_m = \mathfrak{A}_m - (\Omega'_{\partial x} + \Omega'_{\partial z} - \alpha \Omega'_{\partial y}) \cos(m\rho).$$

Betrachten wir jetzt den Belastungszustand[1] $\Delta Y_m = 1$ (Abb. 47). Die Neben- und Hauptrippen werden durch Momente

$$M'_m = + x, \quad M'_{0n} = \alpha y - x[1 \pm \cos(m\rho)],$$

---

[1] Vgl. Abb. 10 und Gleichung 8a.

der Ring hingegen durch Momente:

$$\xi'_{\varphi} = \frac{1}{2} \cdot \sin\varphi \left\{ (1+\mathfrak{r})[1+\cos(\mathfrak{m}\,\rho)] - \alpha\,\mathfrak{f} \right\} - (1+\mathfrak{r}) \cdot \sin(\varphi - \mathfrak{m}\,\rho),$$

$$\zeta'_{\varphi} = + \frac{1}{2} \cdot \mathfrak{r}\,[1+\cos(\mathfrak{m}\,\rho)] \mp \frac{1}{2} \cdot \cos\varphi \left\{ (1+\mathfrak{r})[1+\cos(\mathfrak{m}\rho)] - \alpha\,\mathfrak{f} \right\} \mp$$

$$\mp \left\{ \mathfrak{r}\,[1 - \cos(\varphi - \mathfrak{m}\,\rho)] - 1\cdot\cos(\varphi - \mathfrak{m}\,\rho) \right\}$$

$$\eta'_{\varphi} = \frac{\alpha}{2} \cdot \mathfrak{r}\,\sin\varphi$$

beansprucht. Wendet man auf diesen Kräftezustand die Arbeitsgleichung

$$\int_0^1 M \cdot \frac{M'}{EI} \cdot ds + 2\int_{\varphi=0}^{\varphi=\pi} \left\{ \frac{\xi_{\varphi}}{EI_x} \cdot \xi'_{\varphi} + \frac{\zeta_{\varphi}}{GI_z} \cdot \zeta'_{\varphi} + \frac{\eta_{\varphi}}{EI_{\varphi}} \cdot \eta'_{\varphi} \right\} ds = 0$$

an, so erhält man:

$$108)\dots \left\{ \begin{aligned}
&[\Delta Y_m - \Omega'_{\partial y}\cdot\cos(\mathfrak{m}\rho)]\int_0^1 x^2\,\frac{ds}{EI} - [\Delta X_m - (\Omega'_{\partial x} + \\
&\quad + \Omega'_{\partial z})\cos(\mathfrak{m}\rho)]\int_0^1 x\,y\,\frac{ds}{EI} + \Omega_{\partial y}\int_0^1 (\alpha\,y - x)^2\,\frac{ds}{EI} \\
&\quad + \frac{\mathfrak{r}}{2}\left\{ (1+\mathfrak{r})[1+\cos(\mathfrak{m}\,\rho)] - \alpha\,\mathfrak{f}\right\}\int_{\varphi=0}^{\varphi=\pi}\left(\frac{\xi_{\varphi}}{EI_x}\cdot\sin\varphi - \right. \\
&\quad \left. - \frac{\zeta_{\varphi}}{GI_z}\cos\varphi\right) d\varphi + \frac{\mathfrak{r}^2}{2}\,[1+\cos(\mathfrak{m}\rho)]\int_{\varphi=0}^{\varphi=\pi}\frac{\zeta_{\varphi}}{GI_z}\,d\varphi + \\
&\quad + \frac{\alpha}{2}\cdot\mathfrak{r}^2\int_{\varphi=0}^{\varphi=\pi}\frac{\eta_{\varphi}}{EI_y}\cdot\sin\varphi\,d\varphi \\
&\quad - \mathfrak{r}(1+\mathfrak{r})\int_{\varphi=\mathfrak{m}\rho}^{\varphi=\pi}\left[\frac{\xi_{\varphi}}{EI_x}\cdot\sin(\varphi - \mathfrak{m}\,\varphi) - \frac{\zeta_{\varphi}}{GI_z}\cdot\cos(\varphi - \mathfrak{m}\,\varphi)\right] d\varphi - \\
&\quad \mathfrak{r}^2\int_{\varphi=\mathfrak{m}\rho}^{\varphi=\pi}\frac{\zeta_{\varphi}}{GI_z}\cdot d\varphi
\end{aligned} \right\} = 0$$

oder auch, wenn man wiederum berücksichtigt, daß alle auf den ganzen Ringumfang zu erstreckenden Integrale verschwinden, und die Hilfsbezeichnung

$$109) \ldots \frac{r^2}{\displaystyle\int \frac{x^2 \, ds}{E \, I}} \cdot \int\limits_{\varphi = m\rho}^{\varphi = \pi} \left\{ \frac{1 + r}{r} \left[\frac{\xi_\varphi}{E \, I_x} \cdot \sin(\varphi - m\rho) - \frac{\zeta_\varphi}{G \, I_z} \cdot \cos(\varphi - m\rho) \right] + \frac{\zeta_\varphi}{G \, I_z} \right\} d\varphi = \mathfrak{B}_m$$

einführt:

$$110) \ldots \Delta Y_m - \beta \, \Delta X_m = \mathfrak{B}_m - \gamma \, \Omega_{0\,y} - \cos(m\rho) \, [\Omega'_{0\,y} - \beta \, (\Omega'_{0\,x} + \Omega'_{0\,z})].$$

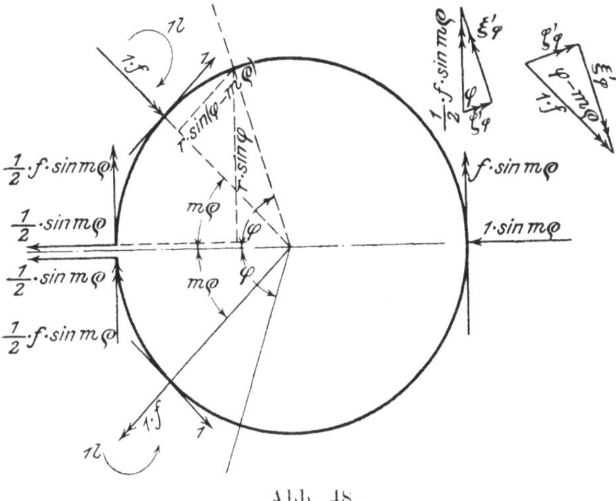

Abb. 48.

Schließlich erhält man für den in Abb. 48 dargestellten Belastungszustand [1]:

$$\mathfrak{M}'_m = + u, \quad W'_m = + v, \quad M'_{0\,n} = \pm y \cdot \sin(m\rho),$$

$$\xi'_\varphi = -\frac{1}{2} \cdot f \cdot \sin\varphi \cdot \sin(m\rho) + f \cdot \cos(\varphi - m\rho),$$

$$\zeta'_\varphi = \pm \frac{1}{2} \cdot f \cdot \cos\varphi \cdot \sin(m\rho) \pm f \cdot \sin(\varphi - m\rho),$$

$$\eta'_\varphi = \frac{1}{2} \cdot r \sin\varphi \cdot \sin(m\rho) + [(r + 1) - r \cdot \cos(\varphi - m\rho)],$$

---

[1] Vgl. Abb. 11 und Gleichung 9a.

und in Übereinstimmung mit der Elastizitätsgleichung

$$\int_0^1 \left[\frac{M}{E\,I} \cdot M' + \frac{\mathfrak{M}}{E\,I'} \cdot \mathfrak{M}' + \frac{W}{G\,I_p} \cdot W' \right] ds +$$

$$+ 2 \int_{\varphi=0}^{\varphi=\pi} \left\{ \frac{\xi_\varphi}{E\,I_x} \cdot \xi_\varphi' + \frac{\zeta_\varphi}{G\,I_z} \cdot \zeta_\varphi' + \frac{\eta_\varphi}{E\,I_y} \cdot \eta_\varphi' \right\} ds = 0$$

111)... $\Delta Z_m = \psi \cdot \mathfrak{C}_m - \psi\,(\Omega_{\partial x}' + \Omega_{\partial z}' - \alpha\,\Omega_{\partial y}')\sin(m\rho)$,

wobei

112)... $\mathfrak{C}_m = - \dfrac{r^2}{\displaystyle\int_0^1 y^2 \frac{ds}{E\,I}} \int_{\varphi=m\rho}^{\varphi=\pi} \left\{ \frac{f}{r} \left[\frac{\xi_\varphi}{E\,I_x} \cdot \cos(\varphi - m\rho) + \right.\right.$

$$\left.\left. + \frac{\zeta_\varphi}{G\,I_z} \cdot \sin(\varphi - m\rho) \right] + \left[\frac{r+1}{r} - \cos(\varphi - m\rho) \right]\frac{\eta_\varphi}{E\,I_y} \right\} d\varphi$$

Die drei Hauptgleichungen 107, 110, 111 liefern nach den üblichen Umformungen:

113)... $\begin{cases} \Delta X_m = \dfrac{1}{\gamma}\,(\mathfrak{A}_m + \alpha\,\mathfrak{B}_m) - \alpha\,\Omega_{\partial y} - (\Omega_{\partial x}' + \Omega_{\partial z}')\cos(m\rho), \\[2ex] \Delta Y_m = \dfrac{1}{\gamma}\,(\mathfrak{B}_m + \beta\,\mathfrak{A}_m) - \Omega_{\partial y} - \Omega_{\partial y}' \cdot \cos(m\rho), \\[2ex] \Delta Z_m = \psi\,\mathfrak{C}_m - \psi\,(\Omega_{\partial x}' + \Omega_{\partial z}' - \alpha\,\Omega_{\partial y}')\sin(m\rho). \end{cases}$

Hieraus folgt durch Summation:

114)... $\begin{cases} \displaystyle\sum_{m=1}^{m=n-1} \Delta X_m \cdot \cos(m\rho) = \Omega_{\partial x}' = \\[2ex] \qquad = \dfrac{1}{\gamma} \displaystyle\sum_{m=1}^{m=n-1} (\mathfrak{A}_m + \alpha\,\mathfrak{B}_m) \cdot \cos(m\rho) - \left(\dfrac{n}{2} - 1 \right)(\Omega_{\partial x}' + \Omega_{\partial z}'), \\[2ex] \displaystyle\sum_{m=1}^{m=n-1} \Delta Y_m = \Omega_{\partial y} = \dfrac{1}{\gamma} \displaystyle\sum_{m=1}^{m=n-1} (\mathfrak{B}_m + \beta\,\mathfrak{A}_m) - (n-1)\,\Omega_{\partial y}, \\[2ex] \displaystyle\sum_{m=1}^{m=n-1} \Delta Y_m \cdot \cos(m\rho) = \Omega_{\partial y}' = \\[2ex] \qquad = \dfrac{1}{\gamma} \displaystyle\sum_{m=1}^{m=n-1} (\mathfrak{B}_m + \beta\,\mathfrak{A}_m)\cos(m\rho) - \left(\dfrac{n}{2} - 1 \right)\Omega_{\partial y}', \\[2ex] \displaystyle\sum_{m=1}^{m=n-1} \Lambda Z_m \cdot \sin(m\rho) = \Omega_{\partial z}' = \\[2ex] \qquad = \psi \displaystyle\sum_{m=1}^{m=n-1} \mathfrak{C}_m \cdot \sin(m\rho) - \psi \cdot \dfrac{n}{2}\,(\Omega_{\partial x}' + \Omega_{\partial z}' - \alpha\,\Omega_{\partial y}'). \end{cases}$

oder in anderer Gliederung:

$$115)\ldots\begin{cases}\Omega_{\partial y} = +\dfrac{1}{n\,\gamma}\sum_{m=1}^{m=n-1}(\mathfrak{B}_m + \beta\,\mathfrak{A}_m),\\[2ex]\Omega'_{\partial y} = +\dfrac{2}{n\,\gamma}\sum_{m=1}^{m=n-1}(\mathfrak{B}_m + \beta\,\mathfrak{A}_m)\cos(m\,\rho),\\[2ex]\Omega'_{\partial x} + \Omega'_{\partial z} = \dfrac{2}{n}\left\{\sum_{m=1}^{m=n-1}\mathfrak{A}_m\cdot\cos(m\,\rho) + \right.\\[2ex]\left.\qquad + \dfrac{\psi}{1+\psi}\sum_{m=1}^{m=n-1}\left[\dfrac{\alpha}{\gamma}(\mathfrak{B}_m + \beta\,\mathfrak{A}_m)\cos(m\,\rho) - \mathfrak{C}_m\cdot\sin(m\,\rho)\right]\right\}.\end{cases}$$

Um die Auswertung dieser Gleichungen zu ermöglichen, braucht man nur in den Ausdrücken $\mathfrak{A}_m$, $\mathfrak{B}_m$ und $\mathfrak{C}_m$ die Werte ξ_φ, η_φ und ζ_φ durch die am Anfang dieses Abschnittes für den starren Ring ermittelten Werte[1]) zu ersetzen. Es ist dann auf Grund dieser bekannten Größen nicht schwer, die in den Gleichungen der $\mathfrak{A}$-, $\mathfrak{B}$- und $\mathfrak{C}$-Werte enthaltenen Integrationen zu vollziehen und alle in den Gleichungen 113 und 115 vorkommenden Summen zu errechnen. Hat man auf Grund letzterer Formeln sowohl die einzelnen Widerstände ΔX, ΔY, ΔZ, als deren Summen $\Omega_{\partial x}$, $\Omega_{\partial y}$, $\Omega_{\partial z}$ bestimmt, so sind alle zur vollständigen Lösung der Aufgabe erforderlichen Unterlagen gewonnen.

Die Gleichungen, welche, um dies Ziel zu erreichen, angewandt werden müssen, sind im Grunde verhältnismäßig so einfach, daß es fast immer lohnend sein dürfte, die Berechnung eines räumlichen Pfostenfachwerkes durch die schärfere Untersuchung des Einflusses der Nachgiebigkeit des Scheitelringes zum Abschluß zu bringen.

---

[1]) Vgl. die Formeln 100, 100f und 101.

Literaturverzeichnis.

F. Engesser, Das elastische Tonnengewölbe als räumliches System betrachtet (Zeitschr. f. Bauwesen, 1909).

L. Mann, Über zyklische Symmetrie in der Statik mit Anwendungen auf das räumliche Fachwerk (Der Eisenbau, 1911).

H. Marcus, Beiträge zur Theorie der Rippenkuppel. — Die Rippenkuppel mit gelenkartiger ebener Stützung (Armierter Beton, 1912). — Die Rippenkuppel mit gelenkartiger räumlicher Stützung (Der Eisenbau, 1912). — Die Rippenkuppel mit ebener und räumlicher Einspannung (Zeitschr. f. Bauwesen, 1912). — Beitrag zur Theorie des ebenen Stabzuges mit räumlicher Stützung (Zeitschr. f. Architektur u. Ingenieurwesen, 1912). — Abriß einer allgemeinen Theorie des eingespannten Trägers mit räumlich gewundener Mittellinie (Zeitschr. f. Bauwesen, 1914).

K. Mautner, Beitrag zur Theorie der im Eisenbetonbau gebräuchlichen Form der Rippenkuppel (Wilhelm Ernst & Sohn, Berlin 1911, und Zeitschr. Beton und Eisen, 1912).

S. Müller, Die Kuppel der Friedrichstraßen-Passage (Armierter Beton, 1909).

H. Müller-Breslau, Beiträge zur Theorie des räumlichen Fachwerks (1892, Berlin, Ernst & Sohn; 1898—1899, Z. Ver. deutsch. Ing.; 1902, Zentralblatt der Bauverwaltung). — Neuere Methoden der Festigkeitslehre (Baumgärtner, Leipzig 1904 und 1913).

Trauer, Die Festhalle in Breslau (Armierter Beton, 1913).